L'ART

VÉTÉRINAIRE.

II.

L'ART
VÉTÉRINAIRE

MIS A LA PORTÉE

DES CULTIVATEURS;

Par M. L. N**,

Membre de plusieurs sociétés savantes.

TOME SECOND.

———

MALADIES DES BÊTES A LAINE, DES PORCS, DES CHÈVRES, DU CHIEN ET DES OISEAUX DE BASSE-COUR.

CHATILLON-SUR-SEINE,
(Côte-d'Or)
CH. CORNILLAC, IMPRIMEUR-ÉDITEUR.

—

1841.

L'ART VÉTÉRINAIRE.

MALADIES

DES BÊTES A LAINE.

1º MALADIES DE LA TÊTE.

TOURNIS.

Cette maladie qui doit son nom au symptôme principal qui la caractérise, a longtemps été regardée comme particulière aux bêtes à laine; cependant il est prouvé qu'elle attaque aussi les bêtes à cornes, notamment les jeunes taureaux au-dessous de deux ans; elle s'observe aussi quelquefois chez l'homme. Elle est due au développement dans le crâne d'une espèce de ver nommé *hydatide*, qui a la forme d'une poche membraneuse d'un volume plus ou moins considérable. C'est ordinairement dans la première année de leur vie qu'elle affecte les agneaux ; elle est moins commune dans la seconde, et plus rare encore chez les bêtes adultes.

Symptômes. Les premiers signes qui annoncent le tournis sont une marche incertaine et chancelante ; l'agneau qui commence à en être affecté n'est plus aussi prompt à obéir aux chiens ; il s'écarte du troupeau, marche à la tête ou reste à la queue, s'égare, se perd quelquefois ; il erre çà et là, s'embarrasse quelquefois dans les broussailles, et ne sait plus s'en retirer : toute son échine est plus ou moins raide ; il est lourd, troublé, pesant, ne bondit plus comme les autres ; son œil est hagard, égaré, il prend une couleur bleuâtre et l'orbite semble devenir plus grande. Mais le symptôme caractéristique de cette maladie est l'action de tourner soit à droite, soit à gauche, la tête baissée. Le côté sur lequel l'animal tourne, indique que c'est sur l'une des parties correspondantes du cerveau que s'est développée l'hydatide. Cependant quelques moutons tournent alternativement d'un côté et de l'autre ; d'autres enfin ne tournent pas, ce qui arrive lorsque l'hydatide occupe le milieu du crâne. Il arrive aussi quelquefois que le ver est placé en arrière ; dans ce cas l'animal porte la tête élevée, le nez au vent, marche assez vite droit devant lui, se heurte contre les corps qu'il rencontre et se renverse quelquefois. La maladie continuant ses progrès, l'action de tourner devient plus fréquente et dure plus longtemps; l'animal éprouve des accès pendant la durée desquels il trotte en tournant; il se fatigue, maigrit, ne peut plus manger, perd la vue et finit par mourir dans le marasme.

Causes. On a longtemps disserté sur les causes du développement de l'hydatide dans le crâne des bêtes à laine : on les a cherchées dans les aliments, le régime, l'état des mères-nourrices, le sevrage brusque et intempestif, le froid, la pluie, la rosée, etc. Il est certain, dit un auteur, que toutes ces choses influent sur l'état général des bêtes à laine; mais le tournis est une maladie purement locale ; il importe peu à son développement que les bêtes aient été tenues à la bergerie ou dans les champs, qu'on les ait fait pâturer sur des montagnes ou dans des vallées, à l'ombre ou au soleil, qu'on les ait sevrées tard ou de bonne heure, puisqu'on voit l'affection se déclarer indistinctement dans l'une ou l'autre de ces circonstances diverses.

Traitement. Toutes les expériences auxquelles se sont livrés les vétérinaires pour parvenir à tuer le ver qui est la cause du tournis, ont été jusqu'à présent à peu près infructueuses, de sorte qu'on ne possède pas encore de traitement méthodique pour cette maladie. Chabert a essayé d'extraire l'hydatide en pratiquant à l'aide du trépan une ouverture dans l'os du crâne; mais cette opération n'a pas présenté tout le succès qu'on en espérait, parce qu'elle met à découvert une trop grande portion du cerveau. La perforation à l'aide d'un trois-quarts, n'offre pas cet inconvénient; mais il paraît que chez les animaux qui la subissent le mieux n'est que momentané, et qu'il ne tarde pas à se développer de nouvelles poches vésiculaires. Enfin l'application d'un fer rouge sur les parois du crâne n'a pas un résultat plus satisfaisant.

INFLAMMATION DU CERVEAU.

Symptômes. L'animal est triste et baisse la tête; il a les oreilles, la bouche et le front brûlants; ses yeux sont rouges, larmoyants et enflammés; il tremble, chancelle en marchant ou reste couché sans connaissance, la tête sur le sol. On remarque en même temps tous les symptômes de la fièvre; le pouls donne 70 à 100 pulsations par minute (il n'en donne que 60 à 70 chez une bête saine). La bouche et le nez sont secs, les excréments secs et très-peu copieux, la respiration courte et pénible; l'animal n'a plus d'appétit, ne rumine plus, est très-altéré, bat des flancs, frissonne et ne se remue qu'avec peine.

Causes. Cette maladie n'attaque guère que les jeunes animaux richement nourris. Elle est occasionnée par une alimentation trop substantielle, par la chaleur ou par des coups sur la tête.

Traitement. On mettra l'animal dans un endroit frais, si c'est en été ; on lui tondra la tête et on lui versera de l'eau froide sur cette partie plusieurs fois par jour. On lui pratiquera une saignée de 96 à 192 grammes suivant sa force et son âge, et on lui donnera toutes les deux heures 2 grammes de salpètre et 8 ou 10 grammes de crème de tartre dans de l'eau. Lorsque les symptômes les plus alarmants sont dissipés, on passe un séton derrière l'oreille, ou bien on frictionne le crâne avec un liniment composé de 8 grammes de poudre de cantharides, de 15 grammes de saindoux et de 15 grammes de térébenthine, pour y déterminer la suppuration.

2° MALADIES DE LA BOUCHE, DE LA GORGE ET DE LA POITRINE.

APHTES DES AGNEAUX.

Symptômes. Cette maladie est analogue au *muguet* des jeunes enfants. Les agneaux qui en sont attaqués ont tout l'intérieur de la bouche et les lèvres couverts de petits boutons qui les tourmentent beaucoup, et leur ôtent la facilité de téter. *Si* le mal dure quelque temps, ils meurent faute de nourriture.

Traitement. On fait un mélange de poivre, de sel et de vinaigre, et avec un pinceau de linge trempé dans ce mélange, on étuve fortement et à plusieurs reprises la bouche et les lèvres de l'agneau.

ESQUINANCIE, OU INFLAMMATION DE LA GORGE.

Symptômes. Chaleur à la peau, yeux rouges, soif violente, perte de l'appétit, tristesse. L'animal baisse la tête, étend le cou, a la respiration sifflante et pénible, ouvre considérablement les narines et semble manquer d'air. Son cou est gonflé et très-sensible au toucher. Lorsque la maladie augmente, l'animal ne peut plus avaler; il reste continuellement debout, fait de violents efforts pour reprendre sa respiration, et périt suffoqué si on ne lui porte pas promptement remède.

Causes. Refroidissement subit.

Traitement. On fera une saignée abondante qu'on répétera plusieurs fois si on le juge nécessaire. On donnera à l'intérieur l'électuaire suivant : salpêtre 15 grammes, sel double 60 grammes, acide muriatique 8 grammes, miel 60 grammes; la dose est un morceau de la grosseur d'un œuf de pigeon toutes les deux heures. Si l'animal est dans l'impossibilité d'avaler, on lui versera dans la bouche un mélange de vinaigre, de miel et d'eau chaude. On tondra en outre la partie du cou qui est le siége du gonflement, et on la frottera avec un liniment composé de 15 grammes d'alcali volatil, de 30 grammes d'essence de térébenthine et de 30 grammes d'esprit de camphre. La boisson devra se composer d'eau légèrement vinaigrée, et toujours tiède. L'animal doit du reste être placé dans un endroit chaud.

CATARRHE.

Symptômes. Les bêtes à laine éternuent,

leurs yeux sont ternes et larmoyants; il leur coule du nez une humeur qui d'abord limpide devient épaisse et obstrue les narines; l'animal éprouvant alors de la difficulté à respirer, tend le cou et reste continuellement la bouche ouverte.

Causes. Refroidissement.

Traitement. Le catarrhe disparaît presque toujours de lui-même lorsqu'il est peu grave; cependant il arrive quelquefois qu'il passe à l'état chronique; alors il est contagieux, dégénère en une espèce de morve et peut faire périr l'animal.

Lorsque le catarrhe est léger, il suffit de tenir la bête chaudement. Mais s'il se prolonge et que l'animal maigrisse, il faut séparer celui-ci du reste du troupeau et lui donner toutes les trois heures gros comme une noix de l'électuaire suivant : fenouil, soufre, sel ammoniac, de chaque 15 grammes, sel de cuisine 120 grammes, essence de térébenthine 30 grammes, et miel 225 grammes.

TOUX.

La toux est un symptôme commun à plusieurs maladies, telles que la pourriture, etc. Nous ne nous occuperons ici que de celle qui dépend d'un catarrhe de la trachée ou des poumons.

Symptômes. Toux presque toujours accompagnée d'un écoulement de mucosités par le nez ; du reste l'animal conserve sa gaité et son appétit. Cette espèce de toux dure ordinairement de 8 à 20 jours ; si elle se prolonge davantage, et que l'animal maigrisse, c'est qu'elle dépend d'une inflammation ou d'un ulcère au poumon.

Causes. Cette toux catarrhale est occasionnée par le froid, l'humidité et quelquefois la poussière ; elle se déclare surtout après la tonte.

Traitement. On tiendra l'animal chaudement, et on lui donnera pour boisson de l'eau blanchie par des recoupes. Si la toux continue malgré ce régime, on administrera une ou deux fois par jour la potion suivante : bière 1/6 de litre, jus de carotte 1 cuillerée, rob de sureau 1/2 cuillerée.

Il n'y a rien à faire contre la toux lorsqu'elle a passé à l'état chronique ; il faut alors tuer l'animal avant qu'une maigreur excessive l'ait déprécié.

INFLAMMATION DE POITRINE.

Symptômes. Abattement, faiblesse, perte de l'appétit, rumination incomplète, constipation, respiration très-accélérée et accompagnée de mouvements violents des flancs et dilatation des narines, toux sourde et douloureuse. L'animal est très-altéré ; cependant il ne boit qu'à petits traits et à plusieurs reprises ; il ne se couche pas ou du moins très-peu pendant tout le cours de la maladie ; à la fin, il chancelle sur ses jambes et s'appuie contre la muraille ; sa respiration s'embarrasse de plus en plus, et la mort survient au bout de deux à six jours de maladie.

Causes. Refroidissement subit. L'inflammation de poitrine attaque surtout les bêtes à laine après la tonte.

Traitement. Cette maladie est presque toujours curable lorsqu'elle est prise à temps. On commence par pratiquer une saignée abondante ; on donne ensuite toutes les quatre ou huit heures 2 grammes de salpêtre et 48 grammes de crême de tartre dissous dans de l'eau. On administre des lavements d'eau, d'huile et de sel, et on passe un séton à chaque côté de la poitrine. Ce traitement, secondé par des boissons légèrement salées ou vinaigrées, suffit presque toujours pour amener la guérison. L'animal doit être placé dans un endroit chaud et bien aéré ; il faut éviter de lui donner des herbages frais.

3° MALADIES DES INTESTINS.

—

INFLAMMATION DES INTESTINS.

Symptômes. L'inflammation des intestins offre les mêmes symptômes que la colique, dont nous parlerons tout-à-l'heure ; seulement les douleurs sont plus vives, la soif plus ardente, et la fièvre plus considérable.

Causes. Elles sont les mêmes que pour la colique.

Traitement. Cette maladie est très-dangereuse ; cependant on peut sauver l'animal en s'y prenant de bonne heure. On commence par une saignée de 160 à 250 grammes (une verrée ou une verrée et demie), et on donne ensuite, toutes les demi-heures, 2 à 4 grammes de salpêtre dans une décoction tiède de graine de lin. On peut remplacer ce remède par une demi-tasse d'huile administrée également de demi-heure en demi-heure. On favorise en même temps l'évacuation des excréments au moyen de lavements d'huile, de lait et de savon. La meilleure boisson que l'on puisse donner à l'animal est de l'eau tiède mélangée de recoupes, ou de tourteaux pulvérisés. A mesure qu'il survient de l'amélioration, on peut lui donner un peu de fourrage vert; mais les aliments secs tels que le foin lui seraient nuisibles tant que la guérison n'est pas complète.

COLIQUES.

Symptômes. L'animal éprouve de vives douleurs dans le ventre; il tourne souvent les yeux vers cette partie, courbe le dos, se roule par terre, cesse de manger, et bèle d'une manière lamentable. L'évacuation de l'urine et des excréments est supprimée. Cette maladie, lorsqu'elle se prolonge plus de dix-huit à trente heures, peut dégénérer en inflammation des intestins et devenir mortelle.

Causes. La colique peut provenir soit d'un refroidissement, soit d'une constipation prolongée, soit d'une indigestion. Elle est aussi quelquefois occasionnée par des vers.

Traitement. Lorsque la colique est la suite d'un refroidissement, on donne avec succès 8 grammes de racine de gingembre pilée dans un 1/4 de litre de bière chaude. Si elle provient d'une indigestion ou si elle est occasionnée par des vers, il faut administrer toutes les trois heures 15 grammes de sel double dans de l'infusion de camomille chaude, ou 60 à 120 grammes d'huile mélangée d'eau de savon, et continuer jusqu'à ce que la colique se calme ou qu'il y ait purgation. Les lavements d'eau, de sel et d'huile, sont aussi très-efficaces en pareil cas.

DIARRHÉE.

La diarrhée fait souvent périr un grand nombre de bêtes à laine.

Causes. Une indigestion, une nourriture trop humide, peu propre à rétablir les forces de l'animal, ou gâtée, ou moisie, et la faiblesse de l'estomac, en sont les causes ordinaires.

Traitement. Lorsque la diarrhée n'est point accompagnée de fièvre, de dégoût, de tranchées, d'amaigrissement, et qu'elle ne se prolonge pas trop, on doit la regarder comme un bénéfice de la nature et ne pas s'empresser de l'arrêter. Mais s'il se manifeste quelque accident, ou si la diarrhée dure plus de trois ou quatre jours, il faut donner à l'animal de l'eau de riz à plusieurs reprises, ou bien si l'on veut couper plus court, 4 grammes de thériaque dans un 1/2 verre de bon vin.

4° MALADIES DU VENTRE ET DES ORGANES URINAIRES.

MÉTÉORISATION.

Les indigestions que l'excès des herbes vertes et succulentes cause trop souvent aux bêtes à cornes, ne sont pas moins meurtrières pour les bêtes à laine, et quelquefois elles le sont davantage.

Symptômes. L'animal perd tout à coup sa gaîté, s'arrête, cesse de manger et baisse la tête. Son ventre est gonflé, tendu, surtout du côté gauche, et résonne lorsqu'on le frappe. Il courbe le dos, tient ses pattes rapprochées et tend la queue. Ses yeux sont saillants, sa respiration pénible et ses narines très-dilatées. Au bout de quelques heures, et même quelquefois d'une demi-heure, il succombe par suite de la rupture de l'estomac.

Causes. Elles sont les mêmes que chez les bêtes à cornes.

Traitement. Il est peu de maladies qui réclament un secours aussi prompt. Dès que l'on s'aperçoit des premiers symptômes, il faut plonger à plusieurs reprises l'animal dans de l'eau froide, ou l'en arroser jusqu'à e qu'il commence à frissonner; alors on e fait courir et on l'entretient dans un nouvement continuel. Si le mal s'aggrave, l faut lui administrer tous les quarts l'heure 1 verre de vinaigre, ou bien 1 cuilerée à café de chaux dans du lait, ou mieux encore 30 à 40 gouttes d'alcali voatil dans 1 verre d'eau. L'eau de savon donnée en abondance produit aussi de bons effets.

Si ces moyens sont insuffisants, la ponction à l'aide du trocart est urgente.

FALÈRE.

La falère est une maladie particulière aux bêtes à laine, qu'elle fait périr avec une rapidité étonnante. On ne l'a encore remarquée que dans le midi de la France. Ses effets sont si prompts, que l'animal qui en est atteint passe tout à coup de l'état de santé parfaite à celui qui précède une mort violente; en une ou deux heures il périt.

Symptômes. Les animaux malades tombent tout à coup dans un état de stupeur, portent la tête basse, chancellent, trébuchent, quelquefois essaient d'uriner, tombent sur les genoux et se relèvent pour vaciller et tomber de nouveau. Ils ne voient plus, n'entendent plus, ont de violentes convulsions dans les yeux et dans la tête; ils grincent des dents, ont la respiration de plus en plus pénible; le ventre se gonfle, une bave quelquefois écumeuse sort par la bouche; des excréments liquides et verdâtres s'échappent par l'anus; l'animal ne tarde pas à expirer, quelquefois en une heure de temps, le plus souvent au bout de deux heures ou trois au plus. Le gonflement du bas-ventre continue à augmenter jusqu'à la mort.

Causes. La falère semble avoir beaucoup de rapport avec la météorisation ou indigestion d'herbes vertes. Elle se manifeste dans les parties du pays qui ne sont ni mouillées habituellement, ni sèches, mais qui ont de temps en temps de l'humidité, et lorsqu'on a inconsidérément mené les troupeaux sur les prairies artificielles après des pluies ou de grandes rosées, ou avant que le soleil les ait dissipées. Elle est encore plus fréquente lorsque le vent de la mer souffle· et répand de l'humidité sur les plantes.

Préservatif. Le meilleur traitement préservatif, consiste dans l'attention de ne pas faire sortir les troupeaux immédiatement après la pluie ni par la rosée, mais seulement quand les plantes sont bien essuyées, et de donner aux bêtes à laine quelques aliments à la bergerie avant de les faire sortir, afin que, moins affamées, elles ne prennent pas aux champs une trop grande quantité d'herbe fraîche et trop succulente.

Traitement. Cette maladie est sans remède. Comme les bêtes qui en meurent sont bonnes à manger et que l'innocuité de leur chair est reconnue, on tue de suite, dans le Roussillon, les individus attaqués, et on les vend au boucher, ou on les consomme. La viande est belle et ne porte aucune atteinte à la santé des personnes qui en mangent.

MAL DE SANG, SANG DE RATE.

Symptómes. L'animal s'arrête tout à coup, paraît étourdi, chancelle et trébuche sur ses quatre jambes; il ouvre la bouche, il écume et rend du sang par le fondement et par le canal des urines; bientôt il tombe à la renverse, bat du flanc, râle et meurt, quelquefois dans l'espace d'une demi-heure, d'un quart d'heure et même de quelques instants. Alors on voit sortir de sa bouche et de ses narines un sang noir et épais; son corps ne tarde pas à se gonfler et à se putréfier. Si on l'ouvre, on voit tous les vaisseaux de la peau remplis de sang et les chairs violettes; la rate est volumineuse et gorgée, ce qui fait donner à cette maladie le nom de *sang de rate*. Cette maladie est plus fréquente pendant l'été que dans les autres saisons; on la voit dans toute sa force pendant les mois de juillet et août; elle décline en septembre. Commune dans les années sèches, elle tue un plus grand nombre d'animaux les jours où il fait très-chaud, surtout les jours d'orage. Plus un animal est fortement constitué, plus il y est exposé.

Causes. Les causes du mal de sang, dit Tessier, auquel nous empruntons ces détails, sont, outre la constitution des individus, 1°. le régime qu'on fait observer aux bêtes à laine pendant toute l'année et surtout à l'époque où la maladie est le plus fréquente; 2°. la sécheresse et la chaleur de la saison où elle paraît particulièrement; 3°. une course trop précipitée au milieu du jour pendant l'été. Cette maladie attaque principalement les bêtes à laine qui sont nourries pendant une grande partie de l'année de fourrage et de grains secs, et qui parquent en plaine pendant les mois de juillet et d'août, sans aucun abri contre l'ardeur du soleil.

Traitement. Tout remède est inutile dès que la bête tombe attaquée du sang; mais c'est un avertissement pour préserver les autres. Il n'y a pas un moment à perdre;

on doit saigner sur-le-champ tous les individus qui par leur force ou par la couleur
vermeille des yeux, des lèvres et de la
bouche, annoncent un état de plénitude
sanguine. On se trompe rarement sur le
choix, si l'on pratique cette opération sur
les animaux qui marchent toujours à la tête
du troupeau. Quelques jours après, on fait
prendre quelques bains aux bêtes que l'on
a saignées, et on leur fait boire de l'eau légèrement vinaigrée.

MALADIE DE BOIS.

Quand les bêtes à laine sont conduites
dans les bois à l'époque où les bourgeons
se développent, elles en mangent souvent
au point de devenir malades. Les pousses
de chêne sont surtout dangereuses.

Symptômes. L'affection n'est pas aussi
prompte que la météorisation; le plus
grand nombre des animaux qui y succom-
bent, résistent jusqu'au dix-huitième ou
vingtième jour. Les premiers symptômes
sont une sécheresse générale; les urines
sont crues et abondantes, et les excréments
durs; il y a de la chaleur à la peau; les
bêtes ont de la fièvre et cessent de ruminer.

Traitement. On se bornera à mettre
l'animal à la diète, et à lui faire prendre

des boissons abondantes d'eau blanche, jusqu'à ce qu'il soit sensiblement soulagé. Les saignées paraissent être en pareil cas plus nuisibles qu'utiles.

INFLAMMATION DU FOIE, JAUNISSE.

Symptômes. L'inflammation du foie présente les mêmes symptômes chez les bêtes à laine que chez les bêtes à cornes ; seulement chez les premières elle est plus sujette à passer à l'état chronique et à s'accompagner de jaunisse. Quand un mouton en est atteint, son foie contient presque toujours des *douves*, espèce de vers qui se développent dans cet organe.

Causes. Mauvaise qualité de l'eau et des aliments. Les douves peuvent aussi occasionner l'inflammation du foie, mais en général leur développement est plutôt la suite que la cause de cette affection, car elles ne peuvent guère se former que dans un foie malade ; elles y existent quelquefois en assez grande quantité pour en obstruer tous les conduits. Elles ne se développent que chez les animaux qui digèrent mal.

Traitement. Il faut avant tout changer le régime et améliorer la nourriture. On rétablit les organes disgestifs en donnant aux bêtes la composition suivante : parties égales de sel, de baies de genévrier et de racine de gentiane pulvérisée. La dose est de 3 à 4 grammes par jour. On administre pendant trois ou quatre jours, on en suspend l'usage pendant une semaine, pour la donner de nouveau pendant quatre jours, ainsi de suite jusqu'à ce que l'animal soit guéri. Il est impossible de combattre directement les douves ; mais elles périssent et disparaissent lorsque la digestion se rétablit.

GONFLEMENT INFLAMMATOIRE DES MAMELLES.

Lorsque après la mise bas, le lait se porte avec trop de force aux mamelles, il en résulte dans ces parties des duretés plus ou moins douloureuses, qui peuvent facilement s'enflammer et entrer en suppuration.

Traitement. Si l'agneau n'a pas assez de force pour dégorger convenablement le pis, il faut traire la brebis de crainte que le lait, en s'amassant dans les mamelles, n'en augmente l'inflammation ; on enduit en outre, deux fois par jour, les parties malades avec du beurre frais, du saindoux ou mieux encore du baume d'althéa. Si le gonflement, loin de diminuer, augmente, il y a lieu de croire qu'il se terminera par un abcès ; il faut alors hâter la formation de cet abcès, en frottant le pis avec un corps gras, comme nous l'avons dit plus haut, et en le lavant fréquemment avec de l'infusion tiède de fleurs de sureau et de fleurs de camomille. Lorsque l'abcès est mûr, on l'ouvre avec un canif, et on lave la plaie avec de l'eau de savon tiède.

INFLAMMATION DES REINS.

Symptômes. L'animal offre les symptômes généraux de la fièvre, tels que la chaleur de la bouche, la sécheresse de la langue, et la rougeur des yeux. Il manifeste en outre une extrême sensibilité à la région des reins, et témoigne de la douleur lorsqu'on applique la main sur cette partie. Il perd l'appétit, la gaîté, et se tient le dos courbé ; sa démarche est pénible et tendue, et ses jambes de derrière très-écartées ; il éprouve un besoin pressant d'uriner, mais il ne lâche qu'une petite quantité d'une urine très-foncée et rouge sang. Il tourne souvent les yeux du côté des reins, et gratte la terre avec ses pieds. Enfin il survient un tremblement violent qui ne tarde pas à être suivi de la mort.

Causes. L'inflammation des reins peut être occasionnée par une lésion extérieure, telle qu'un coup sur le dos, ou une chute ; mais elle se déclare le plus ordinairement chez les bêtes qui ont mangé des pousses de sapin, de chêne, d'aulne, ou des plantes vénéneuses.

Traitement. Changer le régime alimentaire de l'animal, lui faire une saignée, lui donner soir et matin 4 grammes de salpêtre et 15 à 30 grammes de sel de Glauber dans de l'eau, lui faire boire une grande quantité de décoction de graine de lin ou de fleurs de mauve, et lui administrer des lavements d'eau et d'huile de lin. On obtient de grands avantages, dans le début de la maladie, de l'application de compresses imbibées d'eau froide sur la région des reins.

FLUX D'URINE.

Symptômes. L'animal lâche à chaque instant une quantité plus ou moins grande d'une urine limpide comme de l'eau; il éprouve un grand appétit et une soif excessive, et manifeste une extrême sensibilité au ventre et aux reins lorsqu'on applique la main sur ces parties; il écarte les jambes de derrière en marchant, et maigrit tout en mangeant beaucoup. Cette maladie peut durer plusieurs semaines et même plusieurs mois avant de devenir mortelle; mais à la fin, l'urine mêlée de sang ne s'échappe plus qu'avec de grandes douleurs, et l'animal succombe.

Causes. Les pluies prolongées, et l'usage prolongé d'aliments trop aqueux, telles sont les causes principales de cette maladie, qui se déclare aussi chez les bêtes qui ont mangé certaines espèces de fourrages, telles que des pousses de sapin, du jeune feuillage de chêne, etc.

Traitement. Eloigner avant tout les causes qui ont occasionné le flux d'urine, et administrer tous les jours à l'animal 1 gramme ou 1 gramme 1/2 de camphre broyé avec du jaune d'œuf. Il suffit quelquefois d'ajouter de l'alun ou du vitriol vert à l'eau qui sert de boisson à la bête malade (1 à 2 grammes de ces ingrédients dans chaque litre d'eau).

PISSEMENT DE SANG.

Symptômes. L'urine est tantôt rouge, tantôt mêlée d'une grande quantité de sang; quelquefois même l'animal urine du sang pur. La maladie commence par de la chaleur, de la soif; le mouton a la démarche raide et pénible, il éprouve une grande sensibilité dans la région des reins, de fréquentes envies d'uriner et des coliques plus ou moins douloureuses. Si on n'y porte pas remède, le pissement de sang dégénère en inflammation des reins, et peut entraîner la perte de l'animal.

Causes. Cette maladie attaque particulièrement les bêtes à laine qui ont mangé
des pousses de sapin, de chène, d'aulne,
ou des plantes vénéneuses.

Traitement. On donnera toutes les cinq
à six heures 4 grammes de salpêtre et 15 à
30 grammes de sel de Glauber dans de l'eau.
L'alun administré aux mèmes intervalles à
la dose de 4 à 8 grammes, produit aussi
d'excellents effets. En général la maladie
est peu dangereuse et la guérison assez
prompte lorsque, dès son début, on s'empresse d'éloigner les bêtes à laine des prairies humides, et lorsqu'on a soin de leur
donner un peu de bon foin tous les matins
avant de les sortir.

ULCÈRE DU BOUTRI.

Les bergers donnent le nom de *boutri* à
l'extrémité de la verge des moutons.

La laine qui entoure cette partie y occasionne souvent en s'imprégnant d'urine et
en se salissant de fumier, un ulcère qui
peut, si on le néglige, nécessiter la castra-
tion complète de l'animal.

Traitement. Coupez la laine qui entoure
le boutri, lavez la partie malade avec une
forte décoction de racine de guimauve, et
frottez l'ulcère avec du cérat ou du beurre.

frais. On doit tenir l'animal proprement et renouveler fréquemment sa litière.

5° MALADIES DES MEMBRES.

FOURCHET.

Le fourchet est une maladie particulière aux bêtes à laine.

Symptômes. Elle consiste dans une inflammation du canal biflexe (soudure ou réunion de l'onglon). Elle n'attaque ordinairement qu'un seul pied, et l'animal marche sur trois membres assez facilement ; quelquefois elle attaque les deux pieds de devant ou les deux de derrière, mais jamais tous les quatre en même temps. Au commencement le mouton boite, devient traînard, boite de plus en plus, ne peut plus suivre le troupeau, et finit par tenir le pied constamment en l'air, ou par se porter sur les genoux si les deux pieds de devant sont malades. Si ce sont les deux pieds de derrière qui sont attaqués, l'animal reste constamment couché et souffre beaucoup. Les souffrances sont quelquefois assez vives pour déterminer la cessation de la rumination, le dégoût pour les aliments, la soif, la fièvre, le battement du flanc, le dépérissement et la mort.

Causes. Le fourchet est occasionné par la poussière, la boue et la terre, qui s'introduisent dans le canal biflexe lorsque l'animal fait de longues courses. L'affection est d'autant plus fréquente que les terrains sur lesquels pâturent les troupeaux sont plus durs, plus arides, plus secs, plus pierreux et plus échauffés par le soleil.

Traitement. Pour prévenir cette maladie, il serait bon de laver les pieds des bêtes à laine, après de longs voyages, en les faisant passer dans un ruisseau.

Le traitement du fourchet doit varier suivant le degré où il est parvenu. Tout au commencement, il suffit quelquefois d'extraire les corps étrangers qui se sont introduits dans le canal biflexe, de tenir le pied proprement, et de le laver plusieurs fois par jour avec de la décoction de guimauve. Si cela ne suffit pas, on pratique au pourtour du canal des lotions avec de l'extrait de saturne étendu dans de l'eau bien froide ou avec une dissolution de couperose verte. Lorsque les parties environnantes sont gonflées et brûlantes, on joint aux lotions l'application d'un cataplasme d'abord émollient et ensuite astringent dont on enveloppe tout le pied jusqu'au canon. Le cataplasme émollient peut se composer de fleurs de mauve, et de farine de graine de lin bouillies dans une suffisante quantité d'eau ; et le ca-

taplasme astringent de suie tamisée et délayée avec du vinaigre.

Si le mal augmente et entre en suppuration, il faut introduire la pointe d'un canif
dans la peau qui recouvre la partie située
entre le partage de l'onglon, la fendre, séparer le canal biflexe de cette peau, puis
laver le pied avec une décoction mucila-
gineuse et l'environner de filasse ou de chan-
vre imbibés d'eau-de-vie.

PIÉTIN.

Le piétin, dit M. Beugnot, est une maladie du pied consistant dans le développement d'un ulcère qui intéresse d'abord ex-
clusivement le sabot, et altère progressive-
ment les parties intérieures.

Symptômes. Cette affection commence
par un décollement de l'ongle vers le biseau
et du côté du talon. Si l'on enlève la portion de corne décollée, les parties qu'elle
recouvre se présentent dans leur état ordinaire et sont recouvertes d'un épiderme
très-fin, humecté d'un fluide huileux. Ce
décollement de l'ongle précède toujours la
formation de l'ulcère qui s'annonce par
une légère tuméfaction, s'établit sans abcès
et tend toujours à creuser. Alors la bête
boite, le pied devient chaud et douloureux,
et la portion de corne détachée se durcit et

se fendille. Comme la douleur est très-aiguë, les bêtes dépérissent promptement ; si plusieurs pieds sont attaqués, elles restent couchées et continuent à manger dans cette position jusqu'à ce qu'un traitement convenable ou la mort ait mis fin à leurs souffrances. Le piétin, abandonné à sa marche naturelle, peut amener la chute de l'onglon, et des désordres qui gagnent successivement les parties supérieures.

Causes. Les boues âcres, les litières imprégnées d'urine et d'excréments sont, dit-on, les causes du piétin ; la contagion paraît avoir beaucoup de part dans sa propagation. Quand une bête en est attaquée dans un troupeau, il est bien rare que l'affection ne s'étende pas à plusieurs autres bêtes.

Traitement. On enlève la portion de corne détachée et les chairs filandreuses, et l'on cautérise l'ulcère, soit au moyen de l'eau forte, soit avec du vitriol bleu réduit en poudre très-fine et appliqué sur la partie préalablement mouillée avec de la salive ou avec de l'eau. L'opération dont il s'agit doit être faite aussitôt que l'on s'aperçoit de l'existence du piétin ; de cette manière on empêche les progrès de cette affection, et on obtient une guérison rapide. Si l'on attend trop tard, les désordres deviennent considérables, demandent une opération plus grave et des soins plus minutieux. Il faut alors entourer le pied malade d'étoupes recouvertes d'œgyptiac, et renouveler le pansement tous les jours ou tous les deux jours au plus.

6° MALADIES DE LA PEAU.

CLAVELÉE.

La clavelée est une maladie de la peau, particulière aux bêtes à laine, et qui a beaucoup d'analogie avec la petite vérole de l'homme : toutes deux en effet sont contagieuses et n'attaquent le même sujet qu'une seule fois en sa vie. Elle se déclare dans toutes les saisons de l'année ; mais elle est beaucoup plus dangereuse pendant les chaleurs de l'été et le froid humide de la fin de l'automne et de l'hiver, qu'au printemps et au commencement de l'automne. Elle affecte indistinctement les bêtes vigoureuses et languissantes, et commence ordinairement par les plus jeunes du troupeau.

Symptômes. La clavelée envahit ordinairement le troupeau à trois reprises différentes ; lorsqu'elle commence, quelques

individus seulement en sont attaqués; la maladie semble ensuite disparaître, mais au
bout de quelque temps elle se montre sur de
nouveaux animaux, et disparaît une seconde
fois pour revenir attaquer plus tard le reste
lu troupeau.

Les vétérinaires reconnaissent cinq périodes, dans la marche que suit ordinairement la clavelée. Ces périodes sont ceux
*l'incubation, d'invasion, d'éruption, de
suppuration et de dessiccation.*

Le période d'incubation commence au
moment où l'animal est soumis à la contagion, et finit à l'apparition des premiers
symptômes. Le miasme en effet n'agit pas
sur le corps de l'animal au moment même
où il y est introduit, et il s'écoule un certain
intervalle avant que son action se manifeste
par des signes apparents. La durée de cet
intervalle est de dix à douze jours dans les
temps chauds et de vingt à vingt-quatre jours
quand la saison est froide, surtout si elle
est en même temps humide.

Le période d'invasion commence à l'apparition des premiers symptômes et se ter-
mine à l'éruption, c'est-à-dire au moment
où les boutons commencent à se former.
Les symptômes sont la tristesse, l'abattement, la lenteur de la marche, la tête et
les oreilles basses, les yeux mornes, les
membres postérieurs rapprochés des anté-
rieurs, la cessation de la rumination, la

perte de l'appétit et la fièvre; bientôt il survient de la gêne dans la respiration, e
l'haleine de l'animal acquiert une odeu
forte, désagréable et particulière. Ce période dure trois ou quatre jours.

Alors l'éruption commence, et s'annonc
par de petites taches d'abord rougeâtres
puis violettes, et enfin tirant sur le gris.
ces taches s'observent particulièrement su
les parties non pourvues de laine et su
celles où la peau est plus fine et la chaleu
plus concentrée. Bientôt, du centre de ce
petites taches, s'élèvent des boutons d
forme et de grosseur variables, et de couleur blanchâtre ou bleuâtre. Alors la fièvr
et les symptômes inflammatoires disparaissent. Ce période dure communément quatr
jours.

Le période du développement des bouton
et de la suppuration ne dure que deux o
trois jours. Si les boutons sont de natur
bénigne, l'animal reprend l'appétit et s
remet à manger à moins qu'il n'ait beaucoup de boutons dans la bouche ou à l
tête. Les boutons sont de bonne nature
lorsqu'ils ont la grosseur d'un pois ou d'un
haricot, qu'ils sont isolés les uns des autres,
blanchâtres et entourés d'un cercle rouge;
l'animal répand de la bave et de la salive.

A ce période succède celui du dessèchement des boutons. Le pus des boutons,
surtout de ceux qui ont apparu les pre-

miers, devient épais et jaunâtre ; les pustules s'abaissent peu à peu, se dessèchent
et se recouvrent d'une croûte. L'animal est
alors guéri.

Il ne faut pas croire toutefois que la clavelée suive toujours la marche régulière
que nous venons de décrire. Lorsque l'éruption est de nature maligne, les périodes n'ont
plus la durée que nous leur avons assignée ;
les symptômes diffèrent également de ceux
que nous avons indiqués. La tête se gonfle
considérablement, les yeux se ferment ; il
s'écoule par le nez une humeur gluante et
fétide ; l'animal chancelle en marchant ou
reste presque constamment couché ; il a la
respiration courte et reste la bouche ouverte, parce qu'il a les narines gonflées ou
obstruées par des mucosités ; il grince des
dents ; sa sueur et ses excréments ont une
odeur infecte. Les boutons sont d'une couleur rougeâtre tirant sur le bleu, ou noirâtres
et entourés d'un cercle bleu ; ils sont
aplatis, déprimés, se réunissent en s'éten-
dant et jettent en suppurant une humeur
âcre et corrosive ; il en résulte des ulcères
qui entraînent la perte de la vue, et rongent
les lèvres et les oreilles ; la mort survient
ordinairement du dixième au quinzième
jour de la maladie ; les mères brebis souf-
frent plus que les moutons et les béliers.

Causes. La clavelée est presque toujours

transmise par contagion ; la transpiration d'une bête malade, son sang, et surtout le pus des boutons, sont les agents qui la communiquent.

Préservatifs. Pour prévenir le développement de la clavelée, il faut, dit M. Hurtrel d'Arboval, 1°. écarter soigneusement du troupeau sain les personnes, les animaux de toute espèce et tous les objets qui, directement ou indirectement, ont pu avoir quelques rapports avec des animaux ou des lieux infectés. 2°. Ne jamais conduire ou laisser passer un troupeau sain sur des terrains ou dans des chemins fréquentés par des bêtes claveleuses. 3°. Entretenir les bergeries dans une exacte propreté, et y favoriser le renouvellement de l'air. 4°. Enfouir les bêtes claveleuses mortes, ainsi que leurs peaux et leurs toisons, à une profondeur convenable. 5°. Enfin on devra avant tout pratiquer la clavelisation, opération analogue à la vaccine chez l'homme, et qui consiste à introduire par de légères entamures faites à la peau de l'animal, une petite quantité de la matière sécrétée dans les boutons. Cette opération, dit M. Hurtrel d'Arboval, que nous aurons souvent l'occasion de citer, ne prévient ni n'empêche la clavelée de se développer comme on l'a avancé inconsidérément ; elle la développe elle-même réellement, mais d'une manière très-bénigne, et l'on ne peut nier que cette utile méthode diminue considérablement les dangers et les dommages qui résultent ordinairement d'une clavelée naturelle.

La clavelisation peut être opérée à tout âge; cependant le jeune âge est celui que l'on doit préférer, à l'exception toutefois des agneaux nouveau-nés. On peut la pratiquer dans tout le cours de l'année hormis pendant les grandes chaleurs. On choisit le premier virus sur une bête dont les boutons sont mûrs, saillants et bien séparés les uns des autres; lorsque les pustules qui résultent de l'inoculation de ce virus présentent elles-mêmes la maturité nécessaire, ce qui arrive ordinairement le treizième ou le quatorzième jour, mais quelquefois plus tôt, on prend la matière qu'elles contiennent pour l'inoculer au reste du troupeau. Les boutons du claveau contenant peu de virus, il faut après avoir enlevé celui qui se trouve au-dessus de la surface de la peau, les serrer avec le pouce et l'index de la main gauche pour en obtenir encore une certaine quantité. Quand même l'humeur qu'on ferait sortir de cette manière aurait une couleur rouge, elle n'en produirait pas moins son effet.

La manière d'opérer est très-simple: une table est placée devant le siége de l'inoculateur; la bête qui doit fournir le claveau est sur un banc à sa droite. Il enlève la pellicule du bouton, et, pendant qu'un homme vigoureux tient devant lui sur la table, par les deux jambes de derrière et la jambe gauche de devant l'animal qui doit subir l'opération, il trempe dans la pustule une aiguille cannelée semblable à celle dont on se sert pour la vaccine, mais un peu plus forte, saisit la jambe droite avec sa main gauche, tend la peau de la partie dépourvue de poil, enfonce la pointe de l'aiguille horizontalement dans le cuir sans le percer, soulève l'instrument, le tourne dans la piqûre, et le retire en pressant avec la pointe contre les parois de l'ouverture pour y faire rester la matière. On peut aussi se servir d'un bistouri, d'une lancette et même d'un canif ou d'un grattoir. On peut claveliser de cette manière mille à quinze cents bêtes par jour. Les boutons paraissent ordinairement à la place des piqûres le troisième ou le quatrième jour après l'opération, plus tôt ou plus tard en raison de l'âge et de la santé de l'individu, et en raison de la température ; mais quand ils ne sont pas encore développés le huitième jour, c'est une marque que la clavelisation a été pratiquée sans succès ; il faut alors recommencer.

Les bêtes clavelisées n'exigent aucun soin particulier ; seulement elles demandent à n'être ni fatiguées ni tourmentées. S'il fait doux et beau, on peut les laisser sortir et paître à volonté; mais si le temps est froid et humide, il convient de les tenir à la bergerie; il en est de même pendant les grandes chaleurs.

Nous avons dit plus haut que la clavelisation développait réellement une clavelée artificielle, mais que cette affection suivait une marche régulière et bénigne : en effet sur 400 bêtes clavelisées il en périt à peine deux ou trois des suites de l'opération; tandis que la clavelée naturelle détruit ordinairement la presque totalité des troupeaux dans lesquels elle se déclare.

Traitement. Lorsque malgré les précautions que nous venons d'indiquer, la clavelée naturelle s'est manifestée dans un troupeau, les bêtes qui en sont atteintes n'exigent aucun traitement si sa marche est régulière ; il suffit de les loger dans des bergeries bien sèches, fraîches sans être froides, où l'air se renouvelle fréquemment ; on diminuera un peu la nourriture et on la donnera aussi bonne que possible. Mais si la clavelée est irrégulière ou accompagnée de symptômes alarmants et d'accidents graves, il faut appeler l'homme de l'art qui jugera si une saignée n'est pas nécessaire, et pourra prescrire les boissons diaphorétiques, l'usage du sel commun, l'infusion de fleurs de sureau, le vin tiède, miellé et coupé, etc.

GALE.

Symptómes. L'animal aime à se frotter contre les arbres et contre les murs, et manifeste du plaisir lorsqu'on le chatouille ; il s'arrache la laine et se gratte avec les pattes toutes les parties qu'il peut atteindre. Si l'on visite la peau d'une brebis galeuse, on la trouve plus dure aux endroits qui démangent ; on y sent des grains qui résistent sous les doigts, et auxquels succèdent des écailles blanches ou de petits boutons d'abord rouges et ensuite blancs ou verdâtres.

Causes. La gale est presque toujours transmise par contagion ; cependant elle peut aussi être produite par la malpropreté, par la privation des aliments ou la mauvaise qualité de la nourriture. Elle attaque principalement les bêtes qui sont entassées dans des bergeries chaudes et infectes.

Traitement. Un procédé employé depuis quelque temps en Allemagne avec beaucoup de succès, consiste à laver les bêtes galeuses avec la préparation suivante : On prend 2 kilogrammes de chaux récemment calcinée, on l'éteint peu à peu avec de l'eau, et lorsqu'elle est réduite en bouil-

lie on y ajoute 2 kilogrammes 1/2 de potasse, on y verse une quantité d'urine de
bêtes à cornes suffisante pour délayer le
mélange, et on y met 3 kilogrammes d'esprit
de corne de cerf rectifié, 1 kilogramme 1/2
le goudron, puis 100 autres kilogrammes
d'urine de bêtes à cornes. Cette quantité
suffit pour 400 moutons. Pour s'en servir,
on saisit chaque animal par les pattes, et on
le plonge dans le liquide en évitant d'en
faire entrer dans sa bouche, dans ses oreilles
et dans son nez, et après l'en avoir retiré
on le frotte avec soin et on le met dans un
endroit où il puisse se sécher. Au bout de
huit jours on le visite, et si la gale n'est pas
passée, on renouvelle l'opération.

Si le nombre des bêtes malades est peu
considérable, on commence par les séparer
du reste du troupeau, et on frotte les parties galeuses avec de l'huile empyreuma-
tique ou avec un liniment composé de 1
kilogramme de goudron, de 1/2 kilogr. de
beurre salé et de 1/2 kilogramme de potasse;
il est bon de tondre l'endroit sur lequel on
veut appliquer le remède.

Quand la gale est considérable, il faut
tondre entièrement la bête et la frotter
plusieurs fois par jour avec la pommade
suivante : Mercure éteint 30 grammes,
gomme arabique pulvérisée 15 grammes,
poudre de racine d'ellébore 30 grammes.
Il est bon de lui faire prendre en même

temps, tous les jours, deux ou trois verrées d'infusion de fumeterre.

On peut aussi guérir la gale des bêtes à laine en les lavant pendant huit jours avec une dissolution de chlorure de chaux.

DARTRES.

Symptômes. Les dartres se reconnaissent à de petits boutons qui forment des ulcères et des croûtes d'où suinte une humeur fétide. Il y en a cependant une espèce qui ne contient pas de fluide, et qui est sèche et farineuse.

Traitement. On mettra à part les bêtes malades et on les lavera trois fois par jour avec une forte décoction de racine de réglisse dans laquelle on aura fait dissoudre 4 grammes de sublimé-corrosif sur 750 gr. de décoction. Si ce traitement, suivi pendant trois ou quatre semaines, ne produit aucun effet, on lavera les dartres deux fois par jour avec une décoction de 60 grammes de tabac dans 1 litre 1/2 de vinaigre, dans laquelle on aura fait fondre 60 grammes de sulfate de fer ou couperose verte. Pour seconder ce traitement, on fera aux animaux une petite saignée, et on les mettra au régime de paille et d'eau blanche.

BOUQUET OU NOIR-MUSEAU.

Symptômes. Cette maladie, aussi connue sous les noms de *faux-museau, verveine, feu sacré,* etc., est une espèce de gale qui affecte ordinairement le museau des brebis, et s'étend quelquefois jusqu'aux tempes, au-dessus des oreilles. Elle survient aussi quelquefois aux lèvres et dans l'intérieur de la bouche des agneaux et des chevreaux.

Causes. Cette maladie se communique; les bêtes qui en sont attaquées sentent continuellement une vive démangeaison qui les oblige de se frotter contre les rateliers et les imprègne de l'humeur qui les dévore. Le reste du troupeau, mangeant au ratelier, ne tarde pas à en être affecté.

Le bouquet se développe aussi de lui-même chez les jeunes agneaux qui ont brouté de l'herbe couverte de rosée; il est mortel pour ceux qui tètent.

Traitement. Quand la maladie est récente, elle se guérit en frottant une fois seulement par jour la partie affectée avec un onguent de fleurs de soufre et d'huile d'olive. Si elle est au contraire invétérée, il faut frotter la partie avec un mélange de parties égales de chenevis, de soufre, d'ellébore noir et d'euphorbe.

Le berger qui a pansé l'animal doit, avant de rentrer dans la bergerie, se laver les mains avec de l'eau et ensuite avec du vinaigre ; il est même plus prudent de confier le pansement à un valet de la ferme qui n'ait aucune communication avec le troupeau.

PIQURES D'INSECTES.

Deux espèces d'insectes attaquent particulièrement les bêtes à laine ; ce sont l'hippobosque et l'œstre.

L'*hyppobosque* se tient caché dans la laine et y produit des tumeurs en y déposant ses œufs. Il est facile de guérir ce mal en enlevant les œufs et en frottant les tumeurs avec du saindoux.

L'*œstre* est une espèce de mouche qui dépose ses œufs dans les narines des jeunes bêtes à laine. Ces œufs donnent naissance à des larves qui se développent dans les sinus frontaux, et inquiètent extrêmement l'animal. Il est rare qu'il en résulte des accidents graves ; mais l'animal perd l'appétit, s'écarte du troupeau, maigrit, remue presque continuellement, et rend par les narines une humeur plus ou moins épaisse. Il faut donc, autant que possible, écarter ces espèces de mouches, et surtout éloigner le troupeau du grand soleil. Une fois que l'insecte est parvenu à déposer ses œufs dans les narines de l'animal et que les larves sont écloses, il est difficile d'y porter remède ; cependant quelques auteurs recommandent d'insinuer du tabac à priser dans le nez du mouton ; il arrive alors que l'animal, en éternuant, rejette avec des mucosités plus ou moins abondantes les vers qui le tourmentaient.

7° MALADIES D'ACCIDENT.

PLAIES, BLESSURES.

Les blessures occasionnées chez les bêtes à laine, soit par le ciseau des tondeurs, soit par les dents des chiens, se guérissent souvent d'elles-mêmes ; mais il arrive quelquefois qu'elles deviennent le siége d'une éruption, ou qu'elles entrent en suppuration lorsqu'on les néglige. Pour prévenir cet inconvénient, il faut les laver avec de l'eau vinaigrée si elles sont récentes, ou avec de l'eau salée si elles sont déjà anciennes. Celles qui suppurent doivent être frottées avec de l'essence de térébenthine. De la sciure de bois, des cendres, de la poussière de charbon, mises sur les blessures au moment où le coup de ciseau vient d'être donné, sont également des remèdes très-simples et presque toujours efficaces pour prévenir tout accident et amener une prompte guérison.

FRACTURES DES CORNES.

Il arrive souvent que les béliers se fracturent les cornes. Cet accident ne peut être dangereux qu'à raison de l'hémorrhagie qu'il occasionne quelquefois.

On parvient à arrêter le sang en plaçant sur la plaie un linge que l'on tient constamment humecté avec de l'eau froide ou de l'eau vinaigrée ; si cette application ne suffit pas, on imbibe le linge avec un mélange de 60 grammes d'acide sulfurique et d'un demi-litre d'eau. Lorsque l'hémorrhagie est arrêtée, on met la plaie à l'abri du contact de l'air en la recouvrant d'un emplâtre de poix.

8° MALADIES DIVERSES.

CACHEXIE AQUEUSE OU POURRITURE.

Cette maladie, aussi connue sous les noms vulgaires de *douve, foie pourri, bouteille, bourse, games,* etc., n'est autre chose qu'une hydropisie générale. Elle n'est pas contagieuse, mais presque toujours épizootique, et détruit une très-grande partie ou la totalité des troupeaux qu'elle attaque. Elle règne plus particulièrement depuis le printemps jusqu'à la fin de l'automne.

Symptômes. Les premiers symptômes de la pourriture sont obscurs, variables et équivoques : l'animal a une démarche languissante et ne bondit plus ; il perd la gaieté et l'appétit, reste toujours en arrière du troupeau, baisse la tête et les oreilles, et ne fait aucune résistance lorsqu'on le saisit. Si l'on observe avec attention la membrane qui tapisse la bouche et le bout du nez, on la voit rouge et enflammée, surtout chez les jeunes animaux. Plus tard les membranes muqueuses deviennent pâles et décolorées ainsi que les lèvres ; la peau perd sa teinte rose, sa souplesse et la chaleur qui lui est naturelle ; la laine devient sèche, perd son élasticité, se casse facilement, tombe ou s'arrache de même, et souvent on enlève avec elle des lambeaux de peau. Les forces diminuent, le plat des cuisses et l'enfoncement qui existe sous l'œil se dessèchent ; en pressant sur les reins, la croupe s'affaisse et l'on renverse l'animal.

A mesure que la maladie fait de nouveaux progrès, ces symptômes augmentent d'intensité ; la laine tombe d'elle-même, la maigreur devient extrême ; il se développe dans le tissu cellulaire de l'auge un engorgement formé par une accumulation de fluide, d'abord peu considérable, mais qui fait des progrès assez rapides et devient bientôt saillant ; c'est ce que les bergers nomment bourse ou bouteille. Cette tumeur froide et molle est un des symptômes qui annoncent le plus de danger; elle disparaît quelquefois la nuit et pendant le repos pour reparaitre pendant le jour, surtout si l'animal broute; elle finit par s'étendre, par occuper les joues et par persister ; elle est toujours d'un mauvais augure, et le signe certain d'un état incurable. Enfin, dans le dernier période du mal, la soif devient inextinguible, l'animal manifeste de la répugnance pour les aliments solides; il survient une diarrhée qui l'épuise encore davantage, et un écoulement par le nez de mucosités d'une odeur infecte; la vie s'éteint peu à peu, le malade languit, reste continuellement couché, et crève sans paraitre souffrir. La maladie dure quelquefois six, huit mois, et même un an.

La pourriture est souvent compliquée de vers, notamment de ceux que les bergers nomment *douves*, qui se trouvent dans les canaux du foie.

Causes. La pourriture se manifeste de préférence dans les lieux bas et humides, les marécages, les vallées, les endroits abrités par des bois, ceux où il se trouve beaucoup d'eaux stagnantes, etc. Elle attaque les troupeaux qu'on mène paître trop matin, avant que la rosée soit entièrement dissipée ou trop peu de temps après la pluie ; ceux qui boivent des eaux corrompues, qui habitent des bergeries trop basses ou trop petites, trop chaudes et privées d'air extérieur et de lumière, etc.

Traitement. Le meilleur parti à prendre, dit Hurtrel d'Arboval, lorsque la cachexie aqueuse est sur le point de se déclarer, c'est de changer les troupeaux de lieu ou de livrer les bêtes à la boucherie ; à ce premier moment, elles ne présentent aucun danger pour la consommation.

Plus tard, lorsque la maladie est déclarée, mais qu'elle est encore récente, on peut lui opposer avec succès le traitement suivant : On donnera tous les jours aux bêtes malades une ration de foin ou de paille hachée mêlée avec des pois égrugés, et l'on y ajoutera les ingrédients suivants, pour 35 bêtes : feuilles de rue 48 grammes, baies de genévrier 48 grammes, centaurée 48 grammes, racine de gentiane rouge 48 grammes, sel commun 256 grammes.

FIÈVRE INFLAMMATOIRE.

Symptômes. Perte de l'appétit, soif ardente, lassitude, rougeur des yeux, chaleur du nez, de la bouche et de l'haleine, respiration courte, évacuations nulles ou peu abondantes. Lorsque la maladie fait des progrès, l'animal éprouve du tremblement, sa respiration est pénible, et sa démarche mal assurée; la membrane muqueuse de sa bouche devient-froide et prend une teinte bleuâtre; enfin l'animal tombe et périt dans les convulsions. La mort ou la guérison survient dans l'espace de douze à trente-six heures.

Causes. La fièvre inflammatoire se déclare ordinairement pendant les chaleurs de l'été, chez les bêtes à laine qui ont beaucoup de chemin à faire pour aller au pâturage, ou qui restent exposées à l'ardeur du soleil sans abri pour se mettre à l'ombre, et sans eau pour se désaltérer.

Traitement. Comme cette maladie n'attaque guère que les bêtes à laine robustes et sanguines, il faut se hâter de pratiquer une saignée de une à deux verrées; on administrera ensuite à l'intérieur, de deux heures en deux heures, 4 grammes de salpêtre et 16 grammes de sel double dissous dans de l'eau, et on donnera pour boisson de l'eau légèrement vinaigrée et blanchie par des recoupes. On mettra l'animal dans un endroit frais; sa nourriture devra se composer simplement d'une petite quantité de fourrage vert.

ÉPILEPSIE.

Symptômes. L'animal chancelle et tombe ; ses membres sont agités de mouvements spasmodiques, ses yeux se convulsent, sa bouche se couvre d'écume ; il grince des dents et laisse échapper involontairement ses urines et ses excréments. L'accès dure de 5 à 20 minutes, au bout desquelles l'animal se relève et se met à sauter et à manger comme auparavant. Lorsque les attaques sont peu fréquentes et qu'elles sont séparées par des intervalles de plusieurs semaines ou de plusieurs mois, la bête n'en souffre pas d'une manière sensible ; elle peut même donner naissance à des agneaux très-sains. Mais si les accès sont rapprochés, elle maigrit et finit par crever.

Causes. Elles sont les mêmes que pour l'épilepsie des chevaux et des bêtes à cornes.

Traitement. Ce qu'il y a de mieux à faire lorsque les accès sont multipliés, c'est de tuer l'animal, car il ne faut pas alors espérer de guérison. Mais lorsque l'épilepsie est récente et les attaques rares et de peu de durée, on peut essayer le traitement suivant : Passer deux sétons à la tête et les entretenir pendant plusieurs semaines ; si la bête est jeune et robuste, lui faire une saignée modérée ; enfin lui administrer ensuite tous les jours, pendant deux semaines, une pilule composée de 2 grammes de camphre, 2 grammes de valériane, 2 gram. d'huile de Dippel, 2 grammes de belladone, 4 grammes d'assa-fœtida et 30 grammes de miel.

PARALYSIE DES AGNEAUX.

Les agneaux à toison fine sont les seuls qui soient sujets à cette maladie; elle ne les attaque plus guère dès qu'ils ont atteint l'âge de six à huit semaines; elle se déclare principalement en février, en mars et en avril.

Symptômes. L'agneau est triste, et reste presque constamment couché; ses membres sont saisis d'une raideur paralytique qui commence tantôt par les pattes de devant, tantôt par les pattes de derrière, pour s'étendre ensuite par tout le corps; l'animal est alors dans l'impossibilité de se remuer et même d'atteindre le pis de sa mère. Il se forme dans différentes parties du corps, et surtout aux articulations, des tumeurs plus ou moins volumineuses; enfin la diarrhée se déclare et la mort survient ordinairement au bout de 14 à 15 jours de maladie.

Causes. On n'est pas encore parvenu à déterminer les causes de cette maladie; les uns l'attribuent à la mauvaise qualité du

lait de la mère, d'autres au refroidissement.

Traitement. Il est impossible de sauver
l'agneau lorsqu'il ne peut plus téter ou que
la diarrhée est survenue. Avant que le mal
ait fait des progrès, on peut employer avec
succès le traitement suivant : Laver les parties paralysées avec de l'eau-de-vie chaude,
envelopper l'agneau avec des couvertures,
et lui faire boire de l'infusion de sureau
avec 25 à 50 centigrammes de camphre.

TABES DORSALIS.

On a donné ce nom à une maladie de la
moëlle épinière caractérisée par les symptômes suivants :

Symptômes. La marche de cette affection
est très-lente; on ne remarque d'abord dans
les extrémités postérieures qu'une espèce
de raideur qui semble provenir d'un état
de faiblesse de cette partie ; mais peu à peu
la démarche de l'animal devient de plus en
plus pénible ; le train de derrière vacille et
semble ne pouvoir suivre celui de devant ;
l'animal est saisi d'un tremblement général,
qui est surtout sensible à la tête et aux
oreilles, et qui se manifeste principalement
lorsqu'on soulève la bête et qu'on la laisse
retomber par terre. La plus légère pression

sur les reins suffit pour abattre l'animal. Chez quelques sujets, ces symptômes sont accompagnés d'une démangeaison au train de derrière qui les porte à se frotter contre les objets qui sont à leur portée. Enfin, dans le dernier période de la maladie, il survient de la diarrhée, et l'animal périt dans les convulsions.

Causes. Cette affection a encore été mal étudiée; cependant on a remarqué qu'elle n'attaque que les mérinos, qu'elle n'est pas contagieuse, mais héréditaire, et que les jeunes animaux y sont plus exposés que les vieux. On l'attribue à différentes causes, notamment à un accouplement excessif et prématuré, à un changement subit de nourriture et à un refroidissement.

Traitement. Cette affection n'est curable qu'autant qu'elle est à son début. On peut alors essayer le traitement suivant : Tondre la région des reins, y pratiquer des scarifications ou y appliquer des ventouses; quelques jours après cette saignée locale, passer des sétons aux deux côtés de la croupe, et les abreuver fortement avec de l'essence de térébenthine. S'il ne survient pas promptement de l'amélioration, il faut tuer l'animal.

On trouve dans le *Bulletin des sciences Agricoles*, l'indication d'un préservatif qui a donné, dit-on, d'heureux résultats, et qui consiste dans l'administration de sulfate de soude (sel de Glauber) et de feuilles de laurier triturées. Dans les mois de septembre, octobre et novembre, pendant lesquels l'instinct sexuel est le plus développé, on donne alternativement, de quatre en quatre jours, aux brebis qu'on destine à la monte, du sel de Glauber et des feuilles de laurier, en comptant pour cent pièces de bétail 1 kilogramme 1/4 de sel de Glauber, et 1/2 kilogramme de feuilles de laurier. On donne ce médicament avec du gruau grossier d'avoine auquel on ajoutera les balles d'avoine ou de blé, ou des hachis de paille d'orge. Au mois de décembre et de janvier, quand l'état des brebis pleines est plus avancé, on leur donne alternativement de huit en huit jours, une fois le sel de Glauber et une autre fois les feuilles de laurier pilées. On doit avoir soin de leur donner comme nourriture du foin bien sec avec de bonne paille de blé de printemps et de bonne eau de source.

RAGE.

Symptômes. La rage se déclare chez les bêtes à laine trois à six semaines après qu'elles ont été mordues. L'animal perd l'appétit, est agité, bêle d'une voix rauque et d'une façon toute particulière, et mani-

feste une grande ardeur pour l'accouplement sans distinction d'âge ni de sexe. Au
bout de douze à vingt-quatre heures, ses
yeux deviennent troubles et enflammés, et
sa démarche chancelante et incertaine ; il
s'écarte du troupeau, fait des bonds extraor-
dinaires et cherche à s'enfuir lorsqu'on
l'enferme. Il ne témoigne point d'aversion
pour l'eau, mais il mord avec force tout ce
qu'il rencontre ; cependant il n'y a point
d'exemples d'hommes qui en aient été attaqués et qui en soient devenus enragés. Cet
état dure quelques jours au bout desquels
l'animal devient de plus en plus abattu, et
finit par périr dans les convulsions.

Causes. Morsure de l'animal par un
chien, un loup ou un renard enragé.

Traitement. Dès que la rage s'est déclarée
chez une bête à laine, il faut tuer l'animal
et l'encrotter à une grande profondeur avec
son fumier et tous les objets que sa bave
ou ses dents peuvent avoir touchés. Cependant, s'il est impossible de guérir la rage,
on peut l'empêcher de se déclarer. Dès
qu'un troupeau a été attaqué par un animal enragé, il faut le conduire dans l'eau,
et examiner une à une toutes les bêtes pour
voir celles qui ont été mordues. On lavera
alors les plaies avec de l'eau salée ; on les
brûlera avec un fer rouge, et on ré-

pandra par-dessus de la poudre de cantharides.

Il n'y a plus rien à craindre lorsque la rage ne s'est pas déclarée dans les trois ou quatre premiers mois.

MALADIE ROUGE OU MAL DE SOLOGNE.

Cette maladie est ainsi nommée parce qu'elle est surtout commune dans la Sologne.

Symptômes. L'animal ralentit sa marche, s'écarte du troupeau, ne broute que la pointe des herbes et revient à la bergerie avec le ventre aplati, l'air triste, les oreilles basses et la queue pendante. Alors si on l'examine de près, on lui trouve l'œil terne, larmoyant et presque couvert ; les lèvres, les gencives et la langue, sont blanchâtres ou livides ; les naseaux sont remplis d'une humeur épaisse qui les bouche ; les urines sont ordinairement rares et coulent lentement ; la tète est souvent gonflée ainsi que les jambes de devant. La faiblesse des bètes malades est telle, qu'on les fait tomber facilement si on leur applique la main sur les reins ; la laine, surtout celle de la tète, est hérissée et d'une mollesse extrême. Quand le mal est dans sa force, elles baissent la tète jusqu'à terre, l'épine du dos se courbe, les quatre pieds se rapprochent ; elles battent du flanc et respirent avec peine; il sort de leur bouche une bave écumeuse; souvent elles rendent du sang peu foncé par les excréments, par les urines ou par le nez. Quelques bêtes sont si abattues qu'elles boivent avidement quelque liquide qu'on leur présente. Aucune de celles qui bavent ou qui boivent abondamment ne guérit. La durée de la maladie est de six, huit, dix ou douze jours au plus; peu de temps avant la mort, il survient un flux considérable d'urine.

Causes. Le mal rouge attaque les bêtes à laine qu'on mène aux champs pendant toute l'année, quelque temps qu'il fasse, et qu'on laisse souffrir de la faim. Les ravages sont d'autant plus grands que les pâturages sont plus humides, et le printemps plus pluvieux.

Traitement. On nourrira l'animal d'herbes sèches et on lui donnera à boire des décoctions d'écorce moyenne de sureau ou d'hysope, de sauge et de pouliot, légèrement nitrées (4 à 8 grammes de sel de nitre par litre de décoction); ce régime suffit quelquefois pour amener la guérison lorsque le mal est peu avancé; mais ces cas sont rares, et l'affection est trop souvent mortelle. Les saignées et les rafraîchissements sont nuisibles dans cette maladie.

MALADIES DES PORCS.

1º **MALADIES DE LA TÊTE.**

OPHTHALMIE OU INFLAMMATION DES YEUX.

Symptômes. Les yeux sont rouges, gonflés, larmoyants; les paupières sont collées par la chassie, et lorsqu'on les entr'ouvre on voit le globe de l'œil rouge et terne.

Causes. Les cochons de lait sont plus sujets à l'ophthalmie que les bêtes plus âgées; cette maladie attaque surtout ceux qui habitent des étables malpropres, et qui prennent peu d'exercice au grand air. Elle peut aussi se communiquer par le contact d'une bête saine avec une bête qui en est affectée.

Traitement. On éloignera les causes qui ont occasionné la maladie: on tiendra l'étable proprement, ou promènera tous les jours l'animal et on lui donnera une bonne litière; on lavera les yeux deux fois par our, d'abord avec de l'eau tiède et ensuite avec de l'eau froide. Si ces lotions sont insuffisantes, on frottera tous les jours les yeux avec gros comme un haricot de la pommade suivante : Onguent de céruse, 16 grammes, saindoux 16 grammes camphre pulvérisé 1/2 gramme. On continuera jusqu'à ce que l'inflammation soit dissipée, et l'on donnera pour boisson du lait aigri.

FRÉNÉSIE OU INFLAMMATION DU CERVEAU.

Symptômes. L'animal perd l'appétit et la gaieté ; ses yeux deviennent hagards et étincelants, ses oreilles brûlantes, sa bouche chaude et sèche ; il est inquiet, fouille la terre avec ses pattes, mord les objets qu'il rencontre et se frappe la tête contre les murs. Cette agitation est suivie de quelques heures de calme qui font bientôt place à de nouveaux accès.

Causes. Les sécheresses, le manque d'eau, l'action des rayons du soleil pendant les chaleurs de l'été, des fatigues et des courses excessives, des coups ou des contusions à la tête, telles sont les causes les plus fréquentes de cette maladie.

Traitement. On fera une saignée à l'animal, on lui entourera la tête de compresses imbibées d'eau froide que l'on humectera plusieurs fois par jour, et on lui donnera le matin, à midi et le soir, 2 grammes de nitre dissous dans du lait aigri ou dans de l'eau. On lui frottera en outre tous les jours les deux côtés du cou, près des épaules avec une pommade composée de 8 grammes de cantharides en poudre et de 8 grammes de saindoux, et on lui administrera quelques lavements d'eau froide salée.

2° MALADIES DE LA BOUCHE, DE LA GORGE ET DES OREILLES.

GRAIN.

Symptômes. On donne le nom de grain à une pustule remplie d'humeur, qui se forme dans la bouche du cochon, principalement à la langue et au palais, et qui finit par dégénérer en ulcère gangréneux. L'animal cesse de manger, bave, grince des dents, est saisi d'une fièvre violente et reste presque toujours couché. Si l'on visite l'intérieur de la bouche, on la trouve rouge et brûlante, et l'on aperçoit une pustule de la grosseur d'un pois, qui prend une teinte bleuâtre ou noire en se gangrénant. La mort survient dans un espace de vingt-quatre à trente-six heures.

Causes. Cette maladie est plus fréquente en été et à la fin de l'automne que dans les autres saisons. On en connaît encore mal la cause; cependant elle semble résulter de la sécheresse, de la soif ou de la mauvaise qualité de l'eau.

Traitement. Il faut avant tout arrêter les progrès de la gangrène et l'empêcher d'envahir tout l'intérieur de la bouche. On tiendra donc la gueule de l'animal ouverte à l'aide d'un bâton, et l'on enlèvera la pustule avec un canif, un couteau ou tout autre instrument tranchant, ou bien on la brûlera avec un fer rouge. L'opération terminée, on lavera la bouche avec de l'eau salée et l'on appliquera plusieurs fois par jour, sur la plaie, un pinceau ou un morceau de linge trempé dans un mélange de trois cuillerées de vinaigre et d'une cuillerée de sel.

ESQUINANCIE OU ÉTRANGUILLON.

Symptômes. La maladie se déclare tout à coup; l'animal chancelle, est saisi d'un tremblement général, baisse et secoue souvent la tête, et fouille la terre avec ses pates de devant; sa respiration est pénible, sifflante, et son grognement rauque; il demeure la bouche ouverte et la langue pendante. Tout son corps est brûlant, principalement son groin; ses yeux sont rouges,

sa langue gonflée, et il lui est impossible d'a-
valer ; il survient quelquefois des vomissements. Il se forme au cou une tumeur dure
et brûlante qui augmente et s'étend jusqu'à
la poitrine et même plus loin ; cette tumeur
est d'abord rouge, ensuite elle prend une
teinte bleuâtre ou grise ; la langue devient
en même temps violacée, la respiration
s'embarrasse encore davantage, le corps se
refroidit, et l'animal périt par la gangrène
et la suffocation, ordinairement dans l'espace de vingt-quatre à trente-six heures.

Causes. L'esquinancie attaque principalement les porcs qui vont au pâturage
au printemps ou en automne avant que le
givre soit fondu, ou en été par les pluies
froides et les giboulées. Cette maladie est
très-fréquente dans les montagnes où les
porcs boivent de l'eau de neige. Les cochons gras y sont plus sujets que les cochons maigres. Elle peut aussi être occasionnée par un refroidissement subit, par
exemple lorsque l'animal boit de l'eau
froide étant très-échauffé.

Préservatifs. Dès que l'étranguillon s'est
déclaré dans un troupeau, il faut écarter
avec soin les causes qui ont pu l'occasionner, et soumettre au régime suivant les
bêtes qui ne sont pas encore atteintes : on
leur assignera un pâturage sec et peu fer-

tile, ou si on les nourrit à l'étable, on diminuera la quantité des aliments ; on saignera
les cochons les plus gras en faisant une
entaille profonde au côté inférieur de
chaque oreille, ou en leur coupant le bout
de la queue, et l'on donnera à toutes les
bêtes du troupeau, deux fois par jour, du
lait aigre avec 8 grammes de nitre et 16
grammes de sel de Glauber. La dose sera
de moitié ou d'un tiers pour les porcs
de petite taille. Ce traitement, continué
pendan huit jours, les préserve de l'esquinancie.

Traitement. Les porcs qui sont déjà malades doivent également être saignés ; on
leur tirera une à deux verrées de sang. S'ils
ne peuvent pas avaler, qu'ils soient suffo-
qués et qu'ils témoignent des envies de vomir, on leur donnera 8 à 15 centigrammes
d'émétique dans un demi-verre d'eau ; s'ils
ne vomissent pas au bout d'une demi-heure
on répètera ce vomitif.

Lorsque l'animal aura vomi, ou si le vomissement ne survient pas, on lui donnera
8 à 10 grammes de salpètre dissous dans
un demi-verre d'eau, ou 15 grammes de
poudre à canon humectée à l'aide d'une
petite quantité d'eau. On administrera ensuite un lavement composé de 2 verres
d'eau de savon et de 30 à 45 grammes
d'huile de lin.

Les tumeurs qui se forment au cou ou à la poitrine, se frottent avec l'onguent suivant : savon noir 30 grammes, poudre de cantharides 4 grammes, essence de térébenthine 4 grammes, le tout bien mêlé. On peut remplacer cet onguent par le liniment volatil camphré.

VERS DANS L'OREILLE.

Symptômes. L'animal secoue souvent la tête, se frotte les oreilles contre le mur ou se gratte avec ses pattes de derrière.

Causes. Les insectes déposent en été leurs œufs dans l'oreille du cochon; ces œufs donnent naissance à de petits vers qui occasionnent dans la partie une violente démangeaison.

Traitement. On visite l'oreille avec soin; on en extrait les vers avec un petit morceau de bois, et l'on en frotte l'intérieur avec une barbe de plume trempée dans de l'essence de térébenthine.

3° MALADIES DE L'ESTOMAC, DE LA POITRINE ET DU VENTRE.

INFLAMMATION DE L'ESTOMAC.

Symptômes. Le cochon éprouve des contractions aux mâchoires ; il est dans une agitation continuelle, grogne, se courbe sur lui-même, bave, rumine sans cesse et éprouvé des envies de vomir ou même des vomissements. A ces symptômes se joint quelquefois une paralysie générale ; alors l'animal est perdu, et il faut le tuer pour utiliser sa chair.

Causes. Les porcs sont surtout atteints de cette maladie pour avoir avalé avec gloutonnerie des aliments trop chauds, par exemple des pommes de terre cuites, ou pour avoir mangé des plantes vénéneuses.

Traitement. On commencera par une saignée de 350 à 600 grammes ; on donnera ensuite toutes les demi-heures 250 grammes d'huile de lin ou d'huile d'olive dans du lait tiède ; si l'animal est constipé, on y ajoutera chaque fois 15 grammes de crème de tartre, et l'on administrera des lavements d'huile, de savon et d'eau tiède. On donne-

.ra pour boisson de l'eau blanchie par des recoupes ou du lait aigri.

VOMISSEMENT.

Symptomes. L'animal vomit tout ce qu'il mange; il perd l'appétit et éprouve des suffocations; si cet état se prolonge, il dépérit considérablement et finit par crever.

Causes. Les porcs sont atteints de cette maladie pour avoir trop mangé ou pour avoir mangé trop chaud ou avec trop d'avidité. Une nourriture trop substantielle ou à laquelle l'animal n'est pas habitué, peut produire le même effet.

Traitement. On met le cochon à la diète pendant vingt-quatre ou quarante-huit heures, on lui fait boire de l'eau blanchie avec des recoupes, et on l'empêche de manger ce qu'il vomit. Si ce régime est insuffisant, on lui donne un vomitif composé de 15 à 25 centigrammes de tartre stibié (émétique) dissous dans 60 grammes d'eau (une demi-verrée). Quand le vomissement persiste, on donne au bout de quelques jours une décoction de parties égales de fleurs de camomille et de graine de lin.

TOUX, CATARRHE.

Symptômes. L'animal tousse ; il lui coule des mucosités du nez et de la bouche, et ses narines sont rouges. Cette affection est ordinairement sans danger et disparait au bout de huit à quatorze jours. Cependant si on la néglige et si l'animal continue de rester exposé au froid et à l'humidité, il peut en résulter une pneumonie ; alors la toux augmente, la respiration s'embarrasse, la diarrhée survient, et l'animal périt de consomption.

Causes. Le froid ou la poussière.

Traitement. Tenir l'animal à l'étable lorsqu'il fait de la poussière ou que le temps est froid, humide ou venteux ; lui donner pour nourriture du fourrage vert et pour boisson de l'eau blanchie avec des recoupes, et lui administrer l'électuaire suivant : Poudre de réglisse 30 grammes, graine d'anis pulvérisée 30 grammes, miel et farine quantité suffisante pour donner au tout la consistance nécessaire. La dose est un morceau de la grosseur d'une noix, deux fois par jour.

Si la toux est opiniâtre et que l'on craigne qu'elle ne dégénère en pneumonie, il faut employer la composition suivante :

Poudre de réglisse, fleurs de soufre, gentiane pulvérisée, de chaque 48 grammes, jus de carotte et farine quantité suffisante. La dose est la même que pour l'électuaire précédent.

INFLAMMATION DES POUMONS, PNEUMONIE.

Symptômes. Respiration courte et rapide, quelquefois gémissante, haleine brûlante, toux faible, voix rauque et enrouée ; l'animal se couche peu, reste presque toujours debout le groin sur la terre ; ses jambes de devant sont raides, il bat des flancs ; son pouls est petit et ses yeux abattus.

Causes. Refroidissement, marche forcée contre le vent.

Traitement. On fera une saignée abondante et l'on donnera toutes les deux heures, jusqu'à effet purgatif, 30 grammes de sel de Glauber et 15 grammes de salpêtre dans de l'eau. On préparera ensuite un électuaire composé de 15 grammes de salpêtre, 30 grammes de sel ammoniac, 30 grammes de semence de fenouil, 15 grammes de galanga et 250 grammes de miel, et l'on en donnera toutes les deux heures à la bête malade un morceau gros comme une noix. On frottera en outre les deux côtés de la poitrine avec un mélange de 15 grammes de poudre de cantharides, de 30 grammes d'essence de térébenthine, et de 30 grammes de saindoux. La nourriture de l'animal devra se composer de recoupes, de lait aigre, de pommes de terre cuites, etc. Lorsqu'après quatre ou cinq jours de traitement, l'état du malade s'aggrave loin de s'améliorer, et que son haleine devient fétide, qu'il cesse de manger, qu'il reste presque constamment couché et qu'il ne respire qu'avec peine, il n'y a plus rien à espérer, et la perte de l'animal est inévitable.

ASCITE OU HYDROPISIE DU VENTRE.

Symptomes. L'animal est triste, perd l'appétit et maigrit; sa respiration devient courte, pénible, et son ventre prend un volume de plus en plus considérable. En palpant cette partie, on y sent les mouvements d'un liquide.

Causes. Cette maladie est occasionnée par une température constamment humide, et par l'usage d'aliments aqueux et peu nutritifs. Elle attaque souvent des troupeaux entiers.

Traitement. L'ascite est presque toujours incurable. Cependant lorsqu'elle n'est pas

encore complète, on peut essayer le traitement suivant : On fera bouillir 8 grammes
de coloquinte dans 1 litre d'eau jusqu'à ce
que la décoction soit réduite à moitié; on
la passera à travers un linge et on la donnera au cochon en deux fois, moitié le
matin, moitié le soir. On continuera ce remède jusqu'à ce qu'il survienne des évacuations abondantes. Si le volume du ventre
ne diminue pas peu à peu, on administrera
tous les jours une pilule composée de 8
grammes de térébenthine et de 15 grammes
de baies de genévrier, et l'on observera si
ce médicament augmente les urines. S'il
ne survient pas d'amélioration, il reste peu
d'espoir de sauver l'animal. La ponction
procure un soulagement momentané; mais
elle n'amène jamais une guérison radicale.

COLIQUES.

Symptômes. L'animal est agité, ne mange
plus, se roule et se courbe sur lui-même,
est atteint de diarrhée ou de constipation,
et vomit quelquefois.

Causes. Refroidissement, mauvaise qualité de l'eau, séjour dans une étable froide
et humide, etc.

Traitement. On éloigne d'abord la cause
qui a occasionné la colique. Lorsque le co-

chon est constipé, on lui donne un lavement d'un verre et demi d'infusion de camomille à laquelle on ajoute 4 grammes de savon et 64 grammes d'huile de lin. On lui fait prendre ensuite une décoction de fleurs de camomille et de graine de lin. (On fait bouillir pendant un quart d'heure une poignée de fleurs de camomille et une poignée de graine de lin dans une suffisante quantité d'eau, et l'on donne cette décoction en deux fois à quatre heures d'intervalle.) Si la constipation est très-forte, on peut ajouter à la décoction 48 grammes de sel de Glauber. Dans le cas de diarrhée, on administre la même décoction, mais sans ce dernier sel, et l'on donne en même temps à l'animal des boissons farineuses, des recoupes, etc.

Lorsque le ventre est ballonné et qu'il y a lieu de croire que la colique est occasionnée par des vents, on donne avec succès une infusion de camomille et de semence de cumin; on jette une poignée de fleurs de camomille et 15 grammes de cumin dans un 1/2 litre d'eau bouillante, on laisse tremper le tout un quart d'heure, on passe à travers un linge et l'on donne en deux doses à quatre heures d'intervalle.

DIARRHÉE ET DYSSENTERIE.

Le porc, à raison de sa voracité, est trèsexposé à la diarrhée, qui prend le nom de dyssenterie lorsque les matières fécales sont mêlées de sang.

Causes. Surcharge de l'estomac, trop grande variété d'aliments, usage de plantes vénéneuses. Les affections du foie, l'hydropisie du ventre, les vers et le refroidissement, peuvent aussi occasionner la diarrhée. Cette maladie, lorsqu'elle n'est par compliquée de dyssenterie, est sans danger ; mais si elle se prolonge, elle fait maigrir l'animal, et alors il faut chercher à l'arrèter.

Traitement. On met l'animal dans un endroit chaud, sec et bien garni de litière, et on lui donne pour nourriture du grain, des glands, des châtaignes, des recoupes ou des pommes de terre cuites. On mélangera tous les jours avec ces aliments, 15 grammes d'alun, 30 grammes d'écorce de chêne pilée et 30 grammes de poudre de racine de tormentille, et l'on continuera jusqu'à parfaite guérison. On peut remplacer avec avantage ces médicaments par quelques poignées de baies de myrtille cuites dans de l'eau, ou par 8 à 16 grammes de couperose verte.

INFLAMMATION DU FOIE ET DE LA RATE.

Cette inflammation est presque toujours

chronique et accompagnée d'obstruction et de gonflement des viscères qui en sont le siége.

Symptômes. Respiration courte, toux sèche, perte de l'appétit, agitation, lassitude. L'animal court quelquefois en rond comme les bêtes à laine atteintes du tournis.

Causes. Mauvaise qualité des aliments, pâturage dans des endroits bas et marécageux, pluies continuelles.

Traitement. Si c'est en été, on nourrira l'animal avec de l'herbe tendre, courte et de bonne qualité, et on lui présentera soir et matin des feuilles et des fleurs de pissenlit coupées et mêlées avec du lait aigre. Si l'on manque de fourrage vert, on le remplacera par des carottes ou des betteraves pilées. On administrera en outre au porc 30 à 45 grammes de sel de Glauber dans 1/4 de litre d'eau, et deux jours après on lui fera prendre la poudre suivante : gentiane, absinthe, de chaque 60 grammes, menthe poivrée, baies de genévrier, de chaque 30 grammes, le tout concassé et pulvérisé. La dose est par jour de 8 grammes que l'on mélange, en deux fois, avec la nourriture de l'animal. Ce remède est encore plus efficace lorsqu'on y ajoute 30 grammes de savon commun et 15 grammes d'assafœtida.

4º MALADIES DE LA PEAU.

—

GALE.

Symptômes. La gale du cochon, vul-gairement connue sous le nom de *rogne*, est caractérisée par de petites pustules qui se montrent principalement aux aisselles, à la face interne des cuisses, sous le ventre, autour des oreilles et quelquefois sur toute la surface de la peau qui est rouge et épaissie. L'animal éprouve une violente démangeaison, se gratte, se frotte et se mord les parties affectées.

Causes. La gale du porc reconnaît pour causes la mauvaise nourriture et la con-tagion.

Traitement. On combat la gale récente du cochon, avec une forte décoction de tabac noir ou de l'espèce de varaire que les droguistes nomment ellébore blanc, à la dose de 60 grammes dans un litre d'eau. Plus enracinée, sans pourtant qu'il y ait de plaies, on fait usage du vinaigre arsenical (30 grammes d'arsenic dissous à chaud dans 2 litres de vinaigre et 1 litre d'eau); on en lave les parties galeuses, et il est rare qu'on ait besoin de répéter la lotion deux

7.

fois, la gale disparaissant très-souvent dès la première.

Un autre moyen très-efficace consiste à appliquer sur les parties galeuses un mélange d'une partie de goudron et d'une partie de savon vert fondues ensemble. Au bout de quelque temps, les ulcères se dessèchent, les croûtes tombent et la guérison a lieu. On lave alors l'animal avec de l'eau tiède, et s'il se trouvait quelques endroits qui ne fussent pas encore bien guéris, on répèterait la même opération.

ROUGEOLE.

Symptômes. Il se forme au groin, autour des yeux, aux oreilles et aux flancs, des taches rouges qui se recouvrent plus tard d'une croûte mince. L'apparition de ces taches est précédée de fièvre ; l'animal perd l'appétit, a les yeux rouges et larmoyants, et quelquefois vomit.

Traitement. Cette maladie n'offre aucun danger ; un régime bien entendu suffit le plus souvent pour la dissiper. Il faut mettre l'animal dans un endroit sec et chaud, et lui donner pour aliment beaucoup de laitage et des légumes cuits. Si l'éruption se prolonge et prend un mauvais caractère, il faut administrer un vomitif (15 à 25 centigrammes d'émétique dans un demi-verre d'eau), et douze heures après donner une pilule composée de 4 grammes de camphre, 4 grammes de soufre doré, 8 grammes de racine d'althéa et 8 grammes de racine d'angélique, le tout pilé et lié avec un peu d'eau.

CLAVELÉE OU VARIOLE.

Les porcs sont sujets à la clavelée, comme les moutons; mais cette maladie est plus rare et moins dangereuse chez eux que chez les bêtes à laine.

Symptômes. Dès le moment où l'animal est atteint de la clavelée, il devient triste, baisse la tête, porte les oreilles renversées en arrière, et ne retrousse plus la queue. Ses soies se hérissent et sa peau se couvre par endroits de taches rouges; ces taches augmentent peu à peu de circonférence et s'élèvent sous forme de pustules qui se couvrent plus tard d'une croûte et finissent par se cicatriser au bout de quatre à cinq jours. Ces pustules se développent principalement aux cuisses et à la face; elles gênent alors l'animal dans sa marche, et occasionnent fréquemment l'inflammation et le gonflement des paupières.

Traitement. Il faut séparer du reste du troupeau les bêtes malades, les mettre dans

un endroit sec et chaud, et leur donner
pour nourriture du lait aigre, des pommes
de terre cuites et aigries, etc. Si les yeux
sont fermés par le gonflement des paupières, on les lavera plusieurs fois par jour
avec du lait tiède. Ces précautions sont
ordinairement suffisantes pour que la clavelée suive son cours sans accident. Cependant si l'éruption était considérable et
la suppuration très-abondante, il faudrait
administrer chaque matin à l'animal 15
grammes de soufre et 30 grammes de baies
de genévrier.

MALADIE PÉDICULAIRE.

Symptômes. L'animal est dévoré par une
immense quantité de poux; ces insectes
pullulent dans toutes les parties du corps,
se fraient un passage sous la peau, sortent
par le nez, la bouche, les yeux, et peuvent
même, dit un auteur, être évacués avec
les urines et les excréments. Le porc se
frotte continuellement, maigrit et ne pro-
fite plus de la nourriture qu'on lui donne.

Traitement. La maladie pédiculaire est
très-difficile à guérir; car à mesure qu'on
détruit les poux qui existent, il s'en développe de nouveaux. Cependant on peut
essayer de laver les places vermineuses
avec du vinaigre arsenical (2 litres de vi-

naigre, 1 litre d'eau et 30 grammes d'arsenic; faire bouillir le tout ensemble jusqu'à
ce que l'arsenic soit dissous). L'animal
doit être tenu avec une grande propreté et
bien nourri. Viborg recommande de lui
faire avaler tous les jours 8 grammes
d'œthiops minéral mêlé à 30 grammes de
sel de cuisine.

ÉRUPTION DES COCHONS DE LAIT.

Symptômes et Causes. Lorsque la truie
reçoit une nourriture trop abondante et
trop substantielle, les cochons de lait sont
atteints, dans différentes parties du corps,
et notamment autour des yeux et de la
bouche et aux oreilles, d'une éruption qui
a la forme de petits ulcères recouverts de
croûtes brunes et épaisses. Leurs yeux sont
souvent enflammés, et collés par ces croûtes.
Cette maladie n'est pas dangereuse en elle-
même; mais elle fait maigrir les jeunes
porcs, et peut, si elle se prolonge, les faire
périr de consomption.

Traitement. Il faut commencer par
donner à la mère en une seule fois, 60
grammes de sel de Glauber dissous dans de
l'eau. On enlève ensuite avec un couteau
les croûtes des jeunes cochons, on frotte
les ulcères avec de la crème ou de l'huile,
et on lave les yeux avec de l'eau tiède. S'il

se forme de nouvelles croûtes, on les enléve une seconde fois et on lave les endroits qu'elles recouvraient, avec de l'eau dans laquelle on a fait dissoudre du vitriol bleu (15 grammes de vitriol bleu dans un demi-litre d'eau).

POURRITURE DES SOIES.

Symptômes. Le cochon perd l'appétit, devient triste et paresseux ; ses soies tiennent peu à la peau et tombent d'elles-mêmes sur le dos ; lorsqu'on les arrache, on remarque que leurs racines sont gonflées, rougeâtres et sanguinolentes. La peau de l'animal devient flasque et spongieuse. A ces symptômes se joint quelquefois la paralysie de l'arrière-train.

Causes. Les porcs qui vont au pâturage sont moins exposés à cette maladie que ceux qui sont constamment renfermés dans des étables humides et malpropres. Elle résulte aussi souvent de l'usage d'aliments de mauvaise qualité, par exemple, de charogne, de poissons pourris, de plantes marécageuses, etc.

Traitement. On mettra l'animal dans une étable saine et bien aérée, on lui fournira de la litière sèche, on lui fera prendre l'air soir et matin, on le baignera tous les uours dans de l'eau courante et on le lavera d'abord avec de l'eau de savon, ensuite avec de l'eau vinaigrée. On mêlera tous les jours à sa nourriture 16 grammes d'alun et grammes de sulfate de fer ou vitriol vert.

Si l'arrière-train est paralysé, on frottera la partie postérieure de l'échine avec un mélange de 16 grammes de cantharides en poudre et de 48 grammes de térébenthine.

La chair du porc dont les soies sont atteintes de la pourriture, n'a aucune proriété malfaisante; on peut en faire usage sans inconvénient pour la santé.

SOIES.

Quelques vétérinaires donnent le nom de soies à une touffe de poil qui naît au dehors du cou, vis-à-vis le gosier, et qui correspond à une autre touffe qui traverse les chairs, va jusqu'au gosier et empêche l'animal de manger.

Pour extirper cette touffe, on passe en dessous une aiguille enfilée, on soulève les soies et l'on coupe tout autour avec un bistouri. On gratte ensuite dans la plaie jusqu'à ce que l'on ait découvert la touffe intérieure que l'on enlève aisément. La plaie se panse ensuite avec du saindoux et du sel; le pansement se répète chaque jour jusqu'à guérison.

5° **MALADIES DIVERSES.**

LADRERIE.

La ladrerie, qui est aussi vulgairement nommée *noselerie* ou *pourriture de Saint-Lazare*, est une maladie particulière au cochon, et caractérisée par le développement, dans le tissu cellulaire, de petites granulations blanches qui ne sont autre chose qu'une espèce de vers intestinaux désignés par Rudolphi sous le nom de cysticerques ladriques.

Symptômes. La ladrerie, dit M. Hurtrel d'Arboval, est une maladie dégoûtante, qui se manifeste dans les différentes périodes de la vie du cochon, plus particulièrement dans la dernière. Elle s'annonce au dehors par de petites vésicules sous la base de la langue et par une faiblesse générale ; quand on tient l'un des membres de l'animal, celui-ci ne fait aucun effort pour le retirer ; son cri est sourd, les soies s'arrachent avec facilité et laissent quelquefois le bulbe plein de sang.

Lorsque les vésicules sont encore peu nombreuses, l'animal ne paraît point malade ; loin de perdre l'appétit, il se montre quelquefois extrèmement vorace ; il ne paraît pas souffrir d'abord de la poitrine, sa respiration n'est nullement gênée, ni sa voix plus rauque qu'ordinairement. Mais lorsque l a maladie a fait des progrès, l'animal devient triste, indifférent à tout et insensible aux coups; il marche avec lenteur et nonchalance, et reste le dernier s'il fait partie d'une bande ; les yeux sont ternes, la membrane de la bouche blafarde et quelquefois parsemée de taches violettes non saillantes ; l'air expiré est fade, la respiration ralentie, le pouls petit. Les forces abandonnent tout à fait le malade, il ne peut plus se soutenir d'une manière assurée sur ses membres postérieurs; la partie postérieure du tronc se paralyse, le corps exhale une mauvaise odeur, la peau est plus épaisse, enfin des tumeurs se montrent aux ars et à l'abdomen ; les extrémités enflent, et la mort ne tarde pas à arriver.

Le cochon atteint de ladrerie est plutôt boursouflé que gras, et c'est en vain qu'on redouble de dépenses pour l'engraisser, jamais il ne prend un bon lard. Le mieux est de le sacrifier, tel qu'il est, pour la consommation, sans donner le temps à la maladie de suivre sa marche. Sa chair n'est pas absolument malsaine, si on la consomme le plus tôt possible ; elle est molle et fade, le lard en est blanc et sans consistance. En somme, tous les produits du cochon ladre constituent une mauvaise substance alimentaire, qui prend très-mal le sel et se gâte assez vite. On a dit que son usage occasionne à l'homme des vomissements et la diarrhée ; mais il paraît que l'excès qu'on en fait peut seul incommoder.

Causes. Les causes qui disposent les porcs à contracter la ladrerie, ne sont pas encore bien connues. On a cru remarquer que cette maladie attaque de préférence ceux qui habitent des localités basses et marécageuses, et que le développement de l'affection n'était pas étranger au défaut d'exercice, de bon air et de bonne eau, tant pour la boisson que pour délayer les aliments, à l'usage de viandes corrompues, de fruits gâtés, de grains ou de son altérés par la fermentation, aux chaleurs et aux sécheresses extrêmes, à la détérioration des récoltes par d'abondantes pluies, à la petitesse, au défaut d'élévation, à l'humidité et à la malpropreté des logements d'où l'on n'a pas le soin d'enlever fréquemment les excréments qui ont une fétidité particulière fort pénétrante, enfin à l'usage abusif du gland.

Traitement. La ladrerie n'étant souvent produite que par l'oubli des règles de l'hygiène, c'est à cette cause que l'on doit obvier avant de commencer quelque traitement que ce soit. Si cette maladie provient, d'une nourriture insuffisante, gâtée, peu substantielle, ou de la nature de l'eau qui sert aux boissons ou aux aliments, c'est à un régime mieux entendu qu'il faut recourir ; ce qui paraît convenir dans ce cas, c'est de substituer à une nourriture médiocre ou mauvaise, des aliments aussi bons que possible, sains et de facile digestion, avec le soin de ne pas passer brusquement de l'un à l'autre régime. La qualité de l'eau doit également être prise en considération. Si la malpropreté est accusée de développer l'affection, on placera les malades dans un bon air ; leurs logements seront aérés, vastes, tenus très-proprement ; une litière fraîche y sera renouvelée souvent. En outre, on laissera les porcs se vautrer à leur aise dans les mares et les bourbiers ; mais on aura soin en même temps de leur donner ou de laisser à leur portée de l'eau propre, vive, où ils puissent se laver après. Le porc n'aime pas naturellement la malpropreté ; c'est un préjugé de le croire ; il aime à se vautrer dans la fange, il est vrai, mais c'est pour lui un besoin ; c'est pour tenir sa peau fraîche et la préserver de l'action dessiccative de l'air ; il se baigne quelque temps après, et s'approprie le mieux qu'il peut. Ceux dont l'étable est pavée et dont le pavé est lavé en été chaque matin avec plusieurs seaux d'eau fraîche, ne cherchent pas à se plonger dans l'eau, si on les prive alors de litière, et si on leur laisse passer les nuits dehors.

La ladrerie parvenue à un certain degré est incurable; cependant quelques vétérinaires prétendent avoir obtenu des guérisons en mêlant une fois par jour à la nourriture de l'animal une cuillerée de cendres de chêne et 8 grammes d'antimoine gris, ou 8 grammes de la poudre suivante : tanaisie 60 grammes, centaurée 60 grammes, ménianthe 60 grammes; cette quantité suffit pour la guérison d'un porc.

EPILEPSIE.

Symptômes. L'animal commence par grogner, paraît inquiet et crie lorsqu'on le touche; se sentant défaillir, il cherche un appui sur les corps qui sont à sa portée, pousse des cris plaintifs, a la respiration très-accélérée et la peau pâle, principalement dans les endroits où elle est plus fine et dépourvue ou moins garnie de soies. Au moment de l'attaque, l'animal éprouve un tremblement général, des mouvements convulsifs des muscles de la tête et du cou, un ébranlement particulier de la tête et un mouvement brusque d'écartement et de rapprochement des mâchoires avec claquement des dents. La bouche se remplit de salive écumeuse, la respiration est pénible, entrecoupée. Bientôt l'animal est renversé par terre, sans mouvement, comme s'il était frappé de la foudre ; au bout de quelques instants il donne des signes de vie par des soubresauts convulsifs à la suite desquels les quatre membres se rapprochent du ventre. Lorsque l'attaque a cessé, l'animal est très-fatigué et comme hébété.

L'épilepsie du cochon, dit M. Hurtrel d'Arboval, a cela de remarquable que la marche en est beaucoup plus rapide que chez les animaux de toute autre espèce. Chez le porc les attaques se succèdent à des intervalles très-rapprochés, plusieurs fois en un jour et quelquefois même en une heure ; aussi quelques jours suffisent-ils parfois pour que l'animal succombe.

Causes. Les causes de l'épilepsie chez le porc sont assez obscures ; cependant on a cru remarquer que cette maladie attaque particulièrement les animaux qui ont mangé des restes de viande salée ou de saumure. Elle peut aussi être occasionnée par des vers.

Traitement. L'épilepsie, chez le porc, peut être, jusqu'à un certain point, regardée comme incurable, et ce qu'il y a de mieux à faire lorsqu'une bête en est atteinte, c'est de la tuer pour en utiliser la chair dont l'usage ne peut avoir aucun inconvénient pour la santé. Cependant on est quelquefois parvenu à arrêter le cours des accès en jetant sur l'animal de l'eau froide ou en l'y plongeant.

PARALYSIE DU TRAIN DE DERRIÈRE.

Symptômes. Le porc attaqué de cette maladie ne peut plus se soutenir sur ses jambes de derrière, ou les traîne en marchant. Il perd l'appétit, maigrit, et souffre de la diarrhée. Lorsque la paralysie est parvenue à son dernier degré, il se forme de petites ampoules sur la langue ; la guérison est alors extrêmement difficile.

Causes. La paralysie des membres postérieurs est presque toujours la suite ou le symptôme d'une autre affection, notamment de la pourriture des soies.

Traitement. On donnera trois fois par jour au cochon malade, avec de l'eau, 8 grammes de la poudre suivante : camphre 8 grammes, sel ammoniac 24 grammes, nitre 24 grammes, baies de genévrier 24 grammes. On frottera en outre, tous les jours, les deux côtés des reins avec une pommade composée de 8 grammes de cantharides en poudre et de 64 grammes de saindoux.

FIÈVRE APRÈS LA MISE BAS.

Symptômes. Douze à vingt-quatre heures après la mise bas, la truie refuse de

manger, et est très-altérée. Ses soies se hérissent ; ses parties génitales sont gonflées,
ses yeux ternes et larmoyants, sa respiration courte et pénible, sa bouche et sa
langue sèches et brûlantes. Dès le premier
jour, il survient des crampes générales ou
partielles, pendant lesquelles l'animal a
les yeux convulsés, bave et grince des dents.

Causes. Les truies sont ordinairement
atteintes de cette espèce de fièvre pour s'être
refroidies ou avoir trop mangé, peu de
temps avant ou après la mise bas.

Traitement. Tenir la truie chaudement,
lui frictionner le ventre avec de la paille, lui
donner des lavements d'huile, de savon et
d'infusion de camomille, et lui administrer intérieurement, de deux en deux
heures, 4 grammes d'assa-fœtida dissous
dans quelques tasses d'infusion de camomille.

CHUTE DE L'ANUS.

Cet accident n'a guère lieu que chez les
jeunes cochons ; il provient ordinairement
de ce que ces animaux ont mangé une trop
grande quantité de nourriture échauffante ;
il est aussi quelquefois la suite de la diarrhée, de la dyssenterie ou de la constipation.
Dès que l'on s'aperçoit de la sortie de l'a-

nus, il faut le faire rentrer après l'avoir lavé avec du lait ou de l'eau tièdes, et l'avoir ensuite frotté avec de l'huile ou du saindoux. Si l'intestin a une teinte rouge foncé, il faut le laver avec de l'eau vinaigrée. Dans tous les cas, dès qu'il sera replacé on fera toutes les demi-heures, dans l'anus, des injections avec une dissolution de 30 grammes d'alun dans un litre d'eau ; à défaut d'alun, on peut se servir d'eau vinaigrée.

La nourriture doit, pendant les premiers jours du traitement, consister uniquement en lait aigre, en pain et en eau blanchie par des recoupes.

FRACTURE DE LA PATTE.

Symptômes. On s'aperçoit qu'un membre a été fracturé lorsqu'il se plie à un endroit où il n'existe point d'articulation ; il est alors pendant et plus long que de coutume, de manière que son extrémité traîne sur le sol sans pouvoir servir de point d'appui à l'animal.

Traitement. On cherche à rétablir autant que possible les os dans leur position naturelle, et on les y maintient en entourant la partie d'un morceau de toile sur lequel on place quatre éclisses minces et étroites que l'on fixe au moyen d'une bande. Ces éclisses doivent être placées de manière que leur milieu repose précisément sur le siége de la fracture ; mais on doit éviter de faire reposer leurs extrémités sur les articulations ; car elles y occasionneraient de l'inflammation et du gonflement. L'appareil ainsi disposé, on l'humecte plusieurs fois par jour avec de l'eau fraîche et on ne l'enlève que lorsque la fracture est guérie, ce qui a ordinairement lieu au bout de deux à trois semaines.

AGGRAVÉE.

Symptômes. Cette affection est caractérisée, dit M. Hurtrel d'Arboval, par le développement de l'inflammation de la couronne, autour des ongles et à la sole charnue de la surface plantaire. La marche devient pénible et difficile ; elle augmente la sensibilité, la chaleur, la douleur même dans les pieds malades. La suppuration sous la sole cornée et la chute des ongles peuvent s'ensuivre, si l'on ne combat l'inflammation en faisant cesser la cause qui l'a déterminée.

Causes. L'aggravée se manifeste chez les porcs, lorsque ces animaux sont menés à de fortes journées, par des chemins durs et raboteux, surtout si le soleil est ardent et le sol échauffé.

Traitement. Lorsque l'aggravée frappe un certain nombre de porcs en même temps, il serait difficile de les traiter isolément ; on doit se contenter alors de les mener à l'eau toutes les deux heures, en les y tenant debout une demi-heure chaque fois, et en continuant ainsi jusqu'à effet avantageux. Si l'on n'avait qu'un animal à traiter, ou si l'on voulait prendre la peine d'en soigner plusieurs, on remplirait les indications que nous donnerons plus bas en traitant de l'aggravée chez le chien.

MALADIES DES CHEVRES.

1º MALADIES INTÉRIEURES.

INFLAMMATION DU CERVEAU.

Symptômes. L'animal est triste, cesse de boire et de manger, baisse la tête et chancelle comme s'il était étourdi ; il a les oreilles, les cornes et la tête brûlantes ; ses yeux sont brillants et larmoient.

Causes. L'action trop prolongée ou trop vive des rayons du soleil sur la tête, pendant les chaleurs de l'été, est la cause ordinaire de cette maladie, qui est aussi occasionnée chez les boucs par la privation du coït.

Préservatifs. On prévient facilement cette maladie en mettant les chèvres à l'ombre pendant les fortes chaleurs de la journée, et en ne les laissant pas manquer d'eau fraîche. On doit faire saillir les boucs de temps en temps, et châtrer ceux qui ne sont point destinés à l'accouplement.

Traitement. Il faut placer l'animal dans un endroit frais, et mettre à sa disposition une quantité d'eau suffisante. Si la maladie est violente et la bête robuste, on lui tirera 1/8 ou 1/4 de kilogramme de sang. Les aspersions d'eau froide sur la tête, répétées sept à huit fois par jour, sont très-efficaces ; on les cesse lorsque l'animal commence à trembler et à frissonner. On administre en outre, toutes les trois heures, 4 à 8 gram. de salpêtre et 15 grammes de sel de Glauber dissous dans un quart de litre d'eau. S'il ne survient promptement des évacuations, on donne un lavement composé d'un quart de litre d'eau tiède, de 4 grammes de sel de cuisine, et de 15 grammes d'huile de lin.

INFLAMMATION DES POUMONS ET DU FOIE.

Nous réunissons sous un même article ces deux maladies, parce qu'elles présentent à peu près les mêmes symptômes et qu'elles réclament le même traitement.

Symptômes. L'animal cesse de manger et de ruminer ; ses excréments sont rares et secs quoiqu'il n'y ait pas constipation complète ; sa respiration est courte et accélérée, il tousse et bat des flancs. Il reste couché lorsque le poumon est le siége de la maladie. A ces symptômes se joignent ceux de la fièvre ; le pouls donne de 70 à 90 pulsations par minute ; les oreilles et les jambes sont tantôt froides, tantôt brûlantes ; l'animal éprouve du frisson et de la soif.

Causes. Refroidissement, pâturage dans des prairies basses et humides.

Traitement. Lorsque l'animal est robuste, on lui tire une verrée (1/8 de kilogramme) de sang ; s'il est faible, la saignée doit être un peu moins forte. Après cette opération, on administre en deux fois, à quatre heures d'intervalle, la boisson suivante : décoction de graine de lin 1/2 litre, salpêtre 15 grammes, sel de Glauber 48 grammes. On peut donner cette décoction plusieurs jours de suite. Si elle n'était pas suivie d'évacuation, on administrerait quelques lavements composés d'un quart de litre d'eau de savon tiède, de 8 grammes de sel de cuisine et de 15 grammes d'huile de lin. L'animal ne doit pas manquer d'eau ; lorsqu'il témoigne de l'appétit, on lui donne du fourrage vert, par exemple de l'herbe, des feuilles, de jeunes rameaux, de la salade, et en hiver des carottes et des betteraves.

TOUX.

Symptômes. La toux est accompagnée d'un écoulement plus ou moins abondant de matières muqueuses par les naseaux. Lorsqu'elle dure depuis longtemps, l'animal devient poussif, bat des flancs, maigrit, et finit quelquefois par périr d'hydropisie ou de consomption.

Causes. La toux est quelquefois occasionnée par un catarrhe pulmonaire survenu à la suite d'un refroidissement ; elle dure alors rarement plus de huit à quatorze jours, et disparaît ordinairement d'elle-même. Lorsqu'elle persiste plus longtemps et que l'animal maigrit, il y a lieu de croire qu'elle est produite par une affection du poumon ou du foie, et alors elle est incurable.

Traitement. Lorsqu'une chèvre, d'ailleurs bien portante, est atteinte d'une toux qui dure plus de quatorze jours, il faut la soumettre au régime suivant : si le temps est mauvais, humide, froid, venteux, on la tiendra à l'étable, on lui fournira une bonne litière, on lui donnera pour boisson de l'eau blanchie avec des recoupes, et pour aliments du fourrage vert ou des carottes, des raves, etc. On administrera en outre le remède suivant : fleurs de soufre 30 grammes, graine d'anis 8 gram., poudre de réglisse 100 grammes ; on mélange bien le tout et l'on en donne deux fois par jour 8 grammes dans un verre de bière auquel on a ajouté une cuillerée de jus de carotte. Si la bête a peu d'appétit et que son lait ait tari, on peut lui donner avec succès, soir et matin, 8 grammes de poudre de gentiane dans un verre de bière avec une cuillerée de jus de carotte.

HYDROPISIE.

Symptômes. Perte de l'appétit, évacuation irrégulière, toux, respiration courte, maigreur, lassitude, tels sont les symptômes qui précèdent et accompagnent l'hydropisie. Le ventre, en outre, prend un volume plus ou moins considérable, et devient pendant. Enfin, si on le palpe avec la main, on y sent les mouvements d'un liquide.

Causes. L'hydropisie provient quelquefois de ce que l'animal a bu trop d'eau ou a pâturé dans des endroits bas et marécageux. Mais elle est ordinairement la suite d'une affection des organes du bas-ventre; dans ce dernier cas, elle est presque toujours incurable.

Traitement. Dès que l'hydropisie est constatée, le meilleur parti à prendre est de tuer l'animal avant que la maigreur l'ait déprécié. Cependant, si l'on tient à le conserver, on peut essayer une ponction au-dessous de l'épaule, à l'aide d'un trois-quarts ; lorsque l'eau est écoulée, on guérit la plaie en la lavant avec du vin chaud et en y appliquant un emplâtre de poix de Bourgogne. On administre en outre, deux fois par jour, 15 grammes de l'électuaire suivant qu'on dépose sur la langue de l'animal : racines de gentiane en poudre 48 gram., baies de genévrier concassées 48 grammes, graines de fenouil d'eau 30 grammes, sel de Glauber 30 grammes ; on pétrit le tout avec la quantité d'eau et de farine nécessaire pour donner de la consistance au mélange, et on y ajoute 8 grammes d'essence de térébenthine.

INFLAMMATION DES REINS, PISSEMENT DE SANG.

Les symptômes et les causes de cette affection sont les mêmes chez les chèvres que chez les bêtes à laine. Voyez page 28.

Traitement. Il faut d'abord éloigner les causes qui ont donné lieu à cette maladie, et changer le régime de l'animal. On lui fera ensuite une saignée d'une à deux verrées, et on lui donnera en trois fois, le matin, à midi et le soir, un demi-litre de décoction de graine de lin avec 15 grammes de salpêtre et 30 à 50 grammes de sel de Glauber.

Lorsque le pissement de sang n'est pas

accompagné d'inflammation des reins, ou lorsque l'urine est simplement colorée en rouge vif, il faut donner deux fois par jour 2 grammes d'alun et 2 grammes de salpêtre dans un quart de litre de décoction de graine de lin, et continuer jusqu'à ce que le pissement de sang ait cessé. On peut remplacer cette décoction avec 60 à 120 centigr. de sulfate de fer dissous dans un quart de litre d'eau. Lorsque l'animal est guéri, il faut lui donner pendant quelque temps du fourrage vert, et lui faire boire de l'eau blanchie par des recoupes.

COLIQUE AVEC CONSTIPATION.

Symptômes. L'animal perd l'appétit, cesse de ruminer, est constipé; il est très-agité, se couche et se relève sans cesse, et se regarde souvent les flancs; ses oreilles, sa queue et ses jambes sont froides, son pouls petit et rapide, sa respiration pénible; il sue au cou, aux flancs et entre les jambes de derrière. La colique inflammatoire avec constipation peut enlever l'animal en peu de jours.

Causes. Cette maladie attaque ordinairement les chèvres qui ont mangé une trop grande quantité de trèfle vert, de luzerne ou d'autre fourrage récemment récolté; les recoupes et les grains égrugés peuvent aussi produire le même effet lorsqu'ils sont donnés à l'animal sans être détrempés dans une quantité d'eau suffisante. Le refroidissement, l'humidité de la température, occasionnent aussi quelquefois cette maladie qui est plus fréquente chez les animaux jeunes, robustes et bien nourris, que chez ceux qui sont faibles et âgés.

Traitement. Lorsque les accidents sont graves, la constipation opiniâtre et l'animal robuste, on lui tirera deux verrées de sang ; si la bête est jeune ou faible, la saignée devra être moins forte. On donnera ensuite le remède suivant : Faites infuser trois poignées de fleurs de camomille dans un demi-litre d'eau bouillante, passez à travers un linge et ajoutez 60 grammes de sel de Glauber. Cette infusion doit être administrée en trois fois, de manière que l'animal en prenne un tiers toutes les demi-heures.

On cherchera en même temps à faciliter les évacuations et à calmer les douleurs, en donnant toutes les deux ou trois heures, tant que durera la constipation, un lavement composé d'un quart de litre d'infusion de camomille, 8 grammes de savon, 16 grammes d'huile de lin et 8 grammes de sel de cuisine ; on continue ce traitement jusqu'à ce que les excréments aient repris leur cours naturel.

MÉTÉORISATION.

Les symptômes et les causes de cette maladie sont les mêmes chez les chèvres que chez les bêtes à cornes et les bêtes à laine. Le même traitement leur convient également : on fait prendre à l'animal, toutes les heures, 8 à 16 grammes de chaux vive délayée dans un quart de litre d'eau. Si au bout de trois ou quatre heures, l'animal n'est pas soulagé, on l'opérera avec le trois-quarts comme nous l'avons dit pour les bêtes à laine.

DIARRHÉE ET DYSSENTERIE.

Mêmes causes et même traitement que chez les bêtes à laine.

MAL SEC.

On donne le nom de mal sec à une maladie des chèvres qui consiste dans le dessèchement et le tarissement complet des mamelles. Cette maladie est ordinairement causée par les grandes chaleurs. Pour y remédier, on frotte tous les jours le pis avec de la crème ; on ne mène paître les chèvres que de grand matin à la rosée, et on les nourrit d'herbes tendres et rafraîchissantes.

PERTE DE L'APPÉTIT, CONSOMPTION.

Symptômes. L'animal cesse de manger maigrit et devient faible et abattu ; son lait tarit, et la meilleure nourriture ne peut lui rendre ses forces ni son embonpoint.

Causes. Cet état maladif est occasionné par l'affaiblissement des organes de la digestion.

Traitement. On fera prendre beaucoup d'exercice à l'animal s'il était auparavant nourri à l'étable. On changera son régime ; on variera ses aliments, on lui donnera ceux qu'il semble préférer, et l'on y ajoutera un peu de sel. Un des meilleurs remèdes qu'on puisse en même temps lui administrer est l'électuaire suivant : Prenez parties égales de racine de gentiane, de racine d'angélique et de racine de valériane ; réduisez en poudre et mélangez avec une quantité suffisante de miel. La dose est de 15 grammes soir et matin.

2° MALADIES EXTÉRIEURES.

—

OPHTHALMIE OU INFLAMMATION DES YEUX.

Symptômes. L'œil est fermé, larmoyant, et les paupières collées par des mucosités ; en les écartant de force, on voit le globe de l'œil rouge et terne.

Causes. Un coup, une contusion, l'introduction dans l'œil d'un corps étranger, par exemple d'une épine, d'un chicot, d'une graine, etc.; la chaleur, la poussière, les vapeurs qui s'exhalent d'une écurie malpropre, la mauvaise qualité des aliments ou une nourriture trop substantielle, telles sont les causes ordinaires de l'ophthalmie.

Traitement. Il faut avant tout rechercher quelle est la cause de la maladie ; on placera l'animal au grand jour et l'on verra s'il n'existe pas quelque corps étranger entre l'œil et les paupières ; si on le découvre, il suffira de l'enlever. Si l'ophthalmie a été occasionnée par un coup ou une contusion, on lavera l'œil le plus fréquemment possible avec de l'eau froide ; ces lotions sont du reste très-bonnes quelle que soit la cause de l'affection. Quand l'oph-

thalmie est très-intense, ou que l'animal es
robuste et bien nourri, on lui donnera l
laxatif suivant en deux fois, à quatr
heures d'intervalle : salpêtre 8 grammes
sel de Glauber 48 grammes, eau 1/2 litre
Si l'animal n'en est pas fortement relâché
et que l'amélioration ne soit pas très-sen
sible, on répétera le même médicament a
bout de six jours.

Outre les lotions d'eau froide, on emploi
avec succès, surtout lorsque l'ophthalmie es
chronique, une pommade composée d
parties égales d'onguent de céruse et d
saindoux. On en frotte une fois par jour le
paupières, les angles de l'œil et l'œi
lui-même.

GALE.

Symptômes. Il se forme sur la peau des
pustules ou de petits ulcères qui suintent
se recouvrent de croûtes et occasionnent
une démangeaison qui force l'animal à s
gratter, et à se frotter contre tous les objets
qu'il rencontre.

Causes. La malpropreté de l'étable, la
faim, la mauvaise qualité de la nourriture,
telles sont les causes de cette maladie qui
se développe aussi par suite du contact
d'une bête galeuse.

Traitement. Il faut mettre l'animal galeux

dans un étable séparée, lui donner une bonne nourriture composée de carottes .ilées et mélangées de recoupes, ou du ourrage vert avec un peu d'avoine, lui dministrer deux fois par jour 16 grammes 'un électuaire composé de fleurs de soufre 2 grammes, graines de fenouil 8 grammes, ntimoine 15 grammes, gentiane 48 grammes, le tout pétri avec de l'eau et une uantité de farine suffisante pour donner ne certaine consistance au mélange. On e donne que la moitié de la dose aux hevreaux.

Après avoir fait usage de ce médicament ntérieur pendant six à huit jours, on peut rotter les endroits galeux avec la pommade uivante : fleurs de soufre 48 grammes, indoux 96 grammes, essence de térében- ine 30 grammes. Au bout d'une semaine n lave les parties galeuses avec de l'eau éde et du savon noir, on laisse l'animal poser pendant quelques jours et on le otte de nouveau jusqu'à parfaite guérison.

CHUTE DES POILS.

Le poil de la chèvre se détache lors- u'elle se frotte pour soulager une déman- eaison provenant d'une irritation de la eau ; cette irritation peut être occasionnée oit par une éruption, soit par la malpro- reté, ou par le séjour de l'animal dans une

étable chaude et infecte, soit enfin par l
vermine.

Il faut d'abord rechercher la cause de l
maladie pour la faire cesser, et ensuit
laver plusieurs fois par jour la peau de l'a
nimal avec de l'eau salée pour faire cesse
la démangeaison. Lorsque l'irritation es
détruite, on frotte tous les six jours le
parties dépilées avec de l'huile de lin pou
favoriser la recrue du poil.

PLAIES.

Pour guérir une plaie légère et récente
quel qu'en soit le siége, il suffit de la lave
deux fois par jour avec de l'eau froide
elle se cicatrise alors d'elle-même. Si l
temps est chaud et que l'animal aille au på
turage, il est bon de l'enduire avec un peu
d'essence de térébenthine pour en éloigner
les insectes. Mais lorsqu'elle est profonde
et qu'elle suppure fortement, il faut avoir
soin de favoriser autant que possible l'écoulement de la matière qui, sans cette précau-
tion, se répandrait sous la peau et y occasion-
nerait des fistules et d'autres accidents ; on
doit donc en élargir suffisamment l'ouverture et empêcher qu'elle ne se ferme trop
brusquement.

GONFLEMENT DE LA MATRICE.

Les chèvres sont sujettes à une enflure de la matrice occasionnée par les douleurs qu'elles éprouvent pendant la mise bas, ou par la rétention plus ou moins prolongée de l'arrière-faix. Cette enflure est facile à reconnaître ; on la guérit en faisant avaler à la chèvre un verre de bon vin rouge, ou mieux encore trois quarts de litre de vin doux cuit. Il est très-important de surveiller les chèvres lorsqu'elles font leurs petits, de les aider avec un verre de vin, de les tenir bien chaudement, et de leur laver fréquemment les parties génitales avec une décoction tiède de feuilles de mauve ou de racine de guimauve, afin de les relâcher et de prévenir l'inflammation qui pourrait s'y développer.

ÉCOULEMENT DE SANG PAR LES PARTIES GÉNITALES.

On voit souvent, dit un auteur, des chèvres qui après la mise bas ont plus ou moins longtemps un écoulement sanguin par la vulve ; c'est quelquefois la suite d'une enflure de la matrice, quelquefois aussi du relâchement de cette partie. On étuve la vulve avec parties égales de vin rouge et d'eau dans lesquelles on a fait bouillir des fleurs de sureau. A cet effet, on trempe une éponge ou un linge fin bien propre dans cette liqueur tiède, et on l'applique à plusieurs reprises sur la partie.

MALADIES DES CHIENS.

1º MALADIES DES YEUX ET DES OREILLES.

OPHTHALMIE OU INFLAMMATION DES YEUX.

Symptômes. Les yeux sont gonflés, rouges, larmoyants, chassieux; les paupières sont même quelquefois entièrement collées par des mucosités; lorsqu'on les écarte, on voit le globe de l'œil rouge et terne.

L'ophthalmie peut être aiguë ou chronique; dans le premier cas elle est plus intense et peut occasionner la perte de la vue. Dans le second, les symptômes sont moins graves, et les bords des paupières ainsi que leur face interne sont plus malades que l'œil lui-même.

Causes. Les causes peuvent être internes ou externes. Les causes internes sont l'échauffement, la réplétion, le défaut d'exercice, une nourriture trop substantielle, et quelquefois la faiblesse. Les causes externes sont la poussière, des coups, des contusions, un coup d'air, etc.

Traitement. Si le chien est gras, replet, et qu'il prenne peu d'exercice, on le mettra à la diète, on lui retranchera complètement la viande, on le fera courir, on mettra sa niche dans un endroit frais, on l'empêchera d'approcher du feu, et on lui fera boire du lait aigre. S'il est au contraire faible et maigre, on le mettra à un régime opposé à celui que nous venons d'indiquer. Lorsque l'ophthalmie est violente, aiguë, et que le chien est sanguin et robuste, il faut lui faire une saignée à la jugulaire du côté de l'œil le plus malade ; on le purgera ensuite en lui donnant le matin, à midi et le soir, 1 gramme de salpêtre et 5 à 8 grammes de sel de Glauber dissous dans un demi-verre d'eau. On aura soin de laver plusieurs fois par jour l'œil malade avec de l'eau froide jusqu'à ce que l'inflammation soit passée.

Lorsque l'animal a été blessé à l'œil ou qu'il y a reçu une contusion, il suffit, pour le guérir, de laver fréquemment la partie malade avec de l'eau froide.

INFLAMMATION DE L'INTÉRIEUR DE L'OREILLE.

Symptômes. Le chien hurle et gémit, se

gratte l'oreille avec la patte de derrière, témoigne de l'agitation et semble implorer le secours de son maître. En examinant l'oreille, on voit qu'il en sort des matières muqueuses ou du sang.

Causes. La cause ordinaire est une inflammation rhumatismale de l'oreille occasionnée par le froid et l'humidité. Les insectes ou des vers introduits dans cette partie peuvent également y déterminer la suppuration.

Traitement. On examine l'oreille au grand jour, et si l'on y aperçoit des insectes ou des vers, on les extrait à l'aide d'un petit morceau de bois, ou on les fait périr en versant dans l'oreille quelques gouttes d'un mélange de quatre parties d'huile et d'une partie d'essence de térébenthine. Si l'on n'y découvre rien, il est à présumer que la douleur est occasionnée par une inflammation rhumatismale des parties intérieures de l'oreille; il faut alors y injecter, plusieurs fois par jour, du lait dans lequel on a fait bouillir quelques têtes de pavot, ou bien y introduire quelques gouttes d'huile d'olive ou d'œillette dans laquelle on a fait dissoudre du camphre. L'animal doit alors être tenu très-chaudement et très-proprement. S'il est de grande taille et vigoureux,

il est bon de le purger avec un peu de sel
de Glauber (10 à 20 grammes).

CHANCRE AUX OREILLES.

De tous les animaux, il n'y a que le chien
dont les oreilles soient attaquées de cette
espèce de chancre, qui se forme à la
suite d'une gale ou lorsque l'animal s'est
écorché les oreilles en chassant dans les
broussailles. Dans le premier cas, le chancre
demande le même traitement que la gale;
dans le second, il suffit de le toucher avec
de la pierre infernale ou de l'acide sulfurique. Si, loin de diminuer, l'ulcère s'a-
grandit et fait des progrès, le plus court
parti est d'emporter l'oreille avec des ciseaux
à l'endroit qu'occupe le chancre et d'appliquer tout de suite le feu pour arrêter l'hémorrhagie. Il est bon, pendant le traitement, de préserver les oreilles de l'atteinte
des pattes et des objets extérieurs, à l'aide
d'une coiffe de toile pourvue de deux trous
correspondant aux yeux.

SURDITÉ.

La surdité est incurable lorsqu'elle est
occasionnée par la vieillesse. Mais cette
affection est quelquefois la suite d'une
accumulation de cire durcie dans l'oreille,
ou de la présence de quelque corps étranger

dans cette partie. Il faut donc la visiter avec soin, et enlever le corps étranger si on l'y découvre. Si elle contient une grande quantité de cire durcie, il faut ramollir celle-ci avec de l'eau de savon et l'enlever avec une petite spatule de bois.

2° MALADIES DE LA BOUCHE ET DE LA GORGE.

APHTES DANS LA BOUCHE.

Symptômes. La langue, le palais, les gencives sont rouges, parsemés de petits ulcères grisâtres, et saignent facilement; l'animal ne peut ni téter, ni manger.

Causes. Le froid, l'humidité, et chez les jeunes chiens la mauvaise qualité de la nourriture.

Traitement. Lorsqu'on s'aperçoit qu'un jeune chien refuse de téter, il faut lui visiter la bouche, et, si l'on y découvre des aphtes, on les frottera trois fois par jour avec un mélange d'une cuillerée de miel et de deux cuillerées de fort vinaigre. Le traitement est le même pour les chiens plus âgés.

ESQUINANCIE OU MAL DE GORGE.

Symptômes. La maladie débute par le frisson et le froid des oreilles et de la bouche; ces parties deviennent ensuite brûlantes; l'animal ne peut manger et n'avale qu'avec peine les liquides; lorsque le mal augmente, les liquides eux-mêmes ne peuvent plus passer et sortent par les narines. La partie antérieure du cou est gonflée, de même que les glandes des mâchoires. Lorsque le gonflement est considérable, l'animal est haletant, sa respiration est excessivement pénible, et il finit par périr suffoqué.

Causes. Le refroidissement est la cause la plus ordinaire de cette maladie.

Traitement. Si le chien est de grande taille, on lui fait une saignée d'un huitième de kilogramme; on lui donne ensuite un vomitif. Lorsque les vomissements ont cessé, on administre de trois en trois heures deux ou trois cuillerées d'une décoction de graine de lin à laquelle on ajoute du miel et du salpêtre (15 grammes de salpêtre et 60 grammes de miel pour 180 grammes de décoction). Si le chien ne peut pas avaler, on lui donne deux fois par jour un lavement d'eau chaude avec 4 grammes de salpêtre et un peu d'huile d'olive. Le gonflement du cou se frotte avec de l'onguent d'althéa ou de l'huile d'œillette.

Quant aux petits chiens, on peut se dispenser de la saignée. Le traitement doit être le même que celui que nous venons d'indiquer; seulement la décoction ne doit être administrée que par demi-cuillerée toutes les deux heures.

CORPS ÉTRANGERS ARRÊTÉS DANS LA GORGE.

Symptômes. Lorsqu'un os ou tout autre corps solide s'est fixé dans la gorge, l'animal éprouve des suffocations après avoir mangé, tousse, est agité, gémit et semble demander du secours; ses yeux sont rouges et gonflés, il lui coule des mucosités du nez et de la bouche; il se frotte le pourtour de la gueule avec ses pattes de devant, et en palpant, on reconnaît le corps étranger au gonflement de la partie où il est situé et à la douleur que témoigne l'animal lorsqu'on touche cette partie.

Cet accident est du reste assez rare, et même plus qu'on ne le pense généralement; il n'en faut pas confondre les phénomènes avec les symptômes qui appartiennent à d'autres maladies, notamment à l'esquinancie, à la rage, etc.

Traitement. Les corps étrangers les plus

dangereux quand ils sont avalés, sont ceux dont la surface est irrégulière ou qui présentent des pointes. S'ils sont arrêtés à la partie supérieure du conduit, on peut quelquefois les extraire avec une pince; mais cette extraction est impossible si le corps est descendu plus bas. Dans ce cas on peut donner des boissons mucilagineuses et huileuses pour faire glisser le corps, moyen qui réussit rarement lorsque ce corps est arrêté par quelque pointe. Pour qu'il puisse être déplacé, il faut qu'une force quelconque vienne lui faire suivre une marche rétrograde. Le moyen d'en débarrasser l'animal est de le faire rejeter par le vomissement. A cette fin, on commence par donner des boissons que le chien peut avaler, le corps étranger n'obstruant pas complètement la gorge; dès qu'une certaine quantité de ce liquide est introduite, on administre de l'émétique; alors les efforts redoublent, le vomissement a lieu et souvent le liquide rejeté avec force de l'estomac ébranle le corps étranger et procure son expulsion par la gueule. En supposant que l'animal ne puisse pas boire, on provoque le vomissement en lui frottant le ventre avec une forte décoction de racine d'ellébore blanc. Si ces moyens demeurent sans effet, on appelle le vétérinaire pour pratiquer l'œsophagotomie, c'est-à-dire, l'ouverture de la gorge.

3º MALADIES DU VENTRE.

—

HYDROPISIE.

Symptômes. L'animal est paresseux, abattu, et reste presque constamment couché; il a la respiration courte surtout lorsqu'il se donne du mouvement ou lorsqu'il fait chaud ; cette gêne de la respiration est surtout extrême lorsque le siége de l'hydropisie est à la poitrine; mais alors l'animal ne peut rester couché et il tousse. Si au contraire l'amas d'eau a eu lieu dans le ventre, cette partie est gonflée et tendue, surtout à sa partie postérieure, et en la palpant avec la main on y sent le mouvement d'un liquide. L'hydropisie est une maladie chronique qui finit presque toujours par devenir mortelle.

Causes. L'hydropisie est causée par le gonflement et l'induration des intestins et par l'obstruction des glandes et des vaisseaux lymphatiques; ces affections gênent la circulation des humeurs, et il en résulte une accumulation d'eau dans les cavités du ventre ou de la poitrine. Les petits chiens délicats qui mangent beaucoup et ne font rien, sont plus sujets à cette maladie que les chiens qui prennent beaucoup d'exercice.

Traitement. Comme l'hydropisie est presque toujours incurable, ce qu'il y a de mieux à faire lorsqu'un chien en est atteint, c'est de le tuer pour mettre un terme à ses souffrances. Cependant si l'on tient à le conserver, on peut essayer le traitement suivant. On commencera par donner un vomitif (5 à 25 centigrammes d'émétique dans deux cuillerées d'eau). Quelques jours après on administrera, 8 à 30 grammes de sel de Glauber dans un demi-verre ou un verre d'éau, et on répétera ce purgatif au bout d'une dizaine de jours. On donnera ensuite un électuaire composé de : racine de calamus pulvérisée 48 grammes, semences de fenouil concassées 16 grammes, sel amer 16 grammes, térrbenthine liquide 16 grammes, jus de carotte et de baies de genévrier, en quantité suffisante pour lier le tout. La dose est par jour de 4 à 8 grammes pour un petit chien, et de 16 grammes pour un chien de grande taille; on doit la donner en deux fois, moitié le soir et moitié le matin. L'animal doit en outre être bien nourri, surtout avec de la viande.

La ponction n'est d'aucune utilité dans l'hydropisie du chien.

CONSTIPATION.

Symptômes. Nous ne nous occuperons ici que de la constipation qui n'est accompagnée d'aucun symptôme d'inflammation des intestins. L'animal conserve la gaieté et l'appétit ; seulement il a le ventre dur et tendu ; ses évacuations sont moins fréquentes que dans l'état de santé et n'ont lieu qu'avec de grands efforts.

Causes. Les chiens qui mangent beaucoup d'os, de pain sec et de pommes de terre sont très-sujets à la constipation.

Traitement. On changera la nourriture de l'animal et on lui donnera de la soupe grasse. On lui administrera en outre plusieurs fois par jour des lavements d'eau tiède dans laquelle on aura fait dissoudre un peu de sel et de savon, avec addition d'huile de lin. Si la constipation persiste, on lui donnera deux fois par jour, jusqu'à ce qu'il y ait évacuation convenable, 4 à 8 grammes de sel de Glauber, suivant son âge et sa taille.

COLIQUES, MAUX DE VENTRE.

Symptômes. Le chien gémit, hurle, se courbe sur lui-même en se couchant, tourne souvent sa tête du côté de son ventre et de ses flancs, et mord quelquefois ces parties ; il témoigne de la douleur lorsqu'on lui touche le ventre. Ces coliques sont souvent accompagnées de vomissements, de constipation ou de diarrhée.

Causes. Refroidissement, indigestion, usage d'aliments venteux, tels que haricots, choux, fruits, etc.

Traitement. Lorsque la colique est accompagnée d'une constipation opiniâtre, on donne à l'animal une décoction de graine de lin à laquelle on ajoute de l'huile d'olive ou d'œillette (on fait bouillir une poignée de farine de graine de lin dans un litre d'eau, on passe la décoction à travers un linge et l'on y ajoute 96 grammes d'huile). La dose est de deux cuillerées toutes les demi-heures pour un petit chien, et d'une tasse à café également toutes les demi-heures, pour un chien de grande taille. Il faut en outre administrer quelques lavements de décoction de graine de lin ou de fleurs de mauve.

S'il y a au contraire diarrhée, on donnera de la teinture d'opium, à la dose de 4 à 15 gouttes suivant la taille de l'animal, dans une petite cuillerée d'infusion de camomille.

Lorsque la colique n'est accompagnée d'aucun dérangement dans les évacuations, ou lorsqu'elle persiste après que la diarrhée ou la constipation ont cédé, il faut recourir aux médicaments propres à combattre les

vents. On donnera trois fois par jour à
l'animal un mélange d'une à deux cuillerées
d'infusion de camomille, et de 5 à 15
gouttes d'essence de menthe poivrée, et de
teinture éthérée de valériane. Si ces médicaments ne produisent pas l'effet désiré, on
donnera la teinture d'opium aux doses que
nous avons indiquées plus haut. Les lavements d'infusion de camomille mélangée
d'une certaine quantité d'huile, sont aussi
très-efficaces contre les coliques.

DIARRHÉE ET DYSSENTERIE.

Symptômes. Évacuation fréquente de
matières copieuses, liquides, presque toujours mêlées de mucosités et quelquefois de
sang. L'animal éprouve de la douleur, surtout pendant la sortie des excréments.
Lorsque cette douleur est violente, que les
matières contiennent beaucoup de sang et
que l'animal fait de grands efforts, ce n'est
plus une simple diarrhée; on dit qu'il y a
dyssenterie.

Causes. La diarrhée attaque les chiens
qui se sont refroidis, par exemple en en-
trant dans l'eau étant en sueur, ou qui ont
mangé en trop grande quantité de la graisse,
du lait aigre, des carottes, des choux, des
fruits, etc.

Traitement. On tiendra l'animal chaudement, on le couvrira et on lui donnera des boissons mucilagineuses, telles que des décoctions de gruau d'avoine, d'orge, de graine de lin, etc. Ce régime suffit presque toujours pour arrêter la diarrhée lorsqu'elle est peu grave. Mais si elle se prolonge, qu'elle affaiblisse l'animal et lui ôte l'appétit, il faut donner au chien une poudre composée d'égales parties de racine de tormentille et d'écailles d'huitres calcinées. La dose est de 4 grammes par jour, moitié le soir et moitié le matin, pour un chien de grande taille ; elle ne doit être que du tiers ou du quart pour un petit chien. Cette poudre s'administre délayée dans un peu d'eau.

Si la diarrhée est très-violente, ou s'il y a de la dyssenterie, on remplace la poudre précédente par de la teinture d'opium à la dose de 10 à 20 gouttes soir et matin pour les gros chiens, et de 3 à 5 gouttes pour les petits chiens ; on les administre dans une cuillerée d'eau.

VERS.

Les chiens sont très-sujets aux vers intestinaux, principalement aux lombrics et au tœnia ou ver solitaire. Les premiers ont beaucoup de ressemblance avec les vers de terre ; ils sont cylindriques, lisses, luisants, d'une teinte blanchâtre tirant un peu sur le rouge et d'une longueur qui varie de 3 à 25 centimètres. Le tœnia est au contraire aplati comme un ruban et d'une couleur blanche, quelquefois grisâtre ; il acquiert souvent une longueur considérable ; on a vu des vers solitaires qui n'avaient pas moins de 15 à 20 mètres de long.

Symptômes. Les signes qui annoncent la présence des vers chez les chiens sont très-obscurs. On remarque seulement que l'animal maigrit tout en conservant de l'appétit et en mangeant beaucoup. Quelquefois il se mord le ventre et il est atteint de coliques.

Causes. Les jeunes chiens sont plus sujets aux vers que les vieux. On a remarqué que l'usage des aliments farineux, par exemple des pommes de terre et du pain mal cuit, les prédispose aux affections vermineuses.

Traitement. Le traitement doit varier suivant que l'animal est tourmenté par des lombrics ou par le ver solitaire.

Dans le premier cas, on prend parties égales de scammonée et de feuilles de tanaisie ; on pulvérise ces ingrédients et on y ajoute le double de miel. La dose est par jour de 4 grammes pour un petit chien, de

11.

6 grammes pour un chien de grosseur
moyenne et de 8 grammes pour un chien
de grande taille.

Dans le second cas, lorsque le chien a le
ver solitaire, on emploie avec succès le
traitement suivant. On change la nourriture
de l'animal, on lui donne beaucoup de
viande et des carottes cuites, et on lui administre un mélange de 4 parties d'huile de
lin ou d'olive et d'une partie d'essence de
térébenthine. La dose est pour un gros
chien, de 80 grammes administrés en deux
fois à quatre heures d'intervalle; elle n'est
pour un petit chien, que de 16 grammes
donnés par moitié soir et matin. Si le ver
n'est pas entièrement expulsé, on répète ce
médicament au bout de trois jours et l'on
donne ensuite un purgatif, par exemple 8
à 32 grammes de sel de Glauber dans un
demi-verre ou un verre d'eau.

4° MALADIES DE LA PEAU.

—

GALE.

On distingue deux espèces de gale, la
gale ordinaire ou sèche et la gale grasse.

Symptômes. Dans la gale ordinaire, la peau est rouge et écailleuse, démange fortement et suinte une humeur âcre ; les parties galeuses perdent leur poil, soit parce qu'il tombe de lui-même, soit parce que l'animal les détache en se grattant ; cette espèce de gale attaque principalement le dos. Dans la gale grasse la peau est également rouge, mais elle est gonflée et elle secrète une humeur épaisse semblable à du pus ; il en résulte des ulcères qui se couvrent ensuite de croûtes épaisses. C'est aussi sur le dos qu'elle se développe le plus communément.

Causes. La malpropreté, la vermine, la mauvaise qualité des aliments, le froid humide, sont les causes ordinaires de la gale qui se transmet aussi par contact.

Traitement. Le premier soin sera de séquestrer l'animal pour l'empêcher de communiquer à d'autres chiens la maladie dont il est atteint. On le mettra dans un endroit chaud ; s'il est maigre, on améliorera sa nourriture ; s'il est au contraire trop gras, on lui fera prendre du mouvement et on lui donnera quelque purgatif léger avant d'appliquer les remèdes extérieurs.

La gale grasse et la gale sèche se traitent de la même manière. On coupe le poil des parties galeuses, on les lave avec de l'eau tiède et du savon noir, et on les frotte avec la pommade suivante : fleurs de soufre 8 grammes, saindoux 48 grammes, essence de térébenthine 24 grammes, le tout bien mélangé. On emploie cette pommade trois jours de suite, et le quatrième on lave de nouveau les endroits galeux avec de l'eau tiède et du savon noir. Les bains froids sont très-bons pendant les chaleurs.

On emploie aussi avec succès une pommade composée de 64 grammes de savon noir et de 16 grammes de fleurs de soufre. Lorsque la peau est très-enflammée, et que la gale a pour causes le froid et l'humidité, le procédé suivant est encore plus efficace : on lave deux fois par jour les parties galeuses avec une décoction tiède de graine de lin dans laquelle on a fait dissoudre du vitriol blanc (4 à 6 grammes de vitriol blanc, pour un quart de litre de décoction). Quand la gale est passée, on favorise la recrue des poils en frottant une fois par semaine les parties dépilées avec de l'huile de lin.

EXCROISSANCES FONGUEUSES SOUS LA PEAU.

Symptômes. Ces excroissances sont des tumeurs rondes ou allongées, mobiles ou adhérentes à la chair, qui se forment sous la peau, et prennent souvent un volume considérable. Elles peuvent affecter toutes les parties du corps ; elles ne sont jamais douloureuses ; seulement elles peuvent gêner les mouvements de l'animal, soit à raison du volume qu'elles acquièrent, soit à cause de la tension qu'elles occasionnent, principalement lorsqu'elles sont situées aux épaules ou aux reins.

Causes. Elles se développent toujours à la suite d'une morsure, d'un coup ou d'une contusion.

Traitement. Comme ces excroissances sont très-difficiles à résoudre, le plus simple est de les amputer. Voici la manière d'opérer : On fend en quatre la peau qui recouvre la tumeur, on écarte les quatre pointes et l'on enlève l'excroissance avec un instrument tranchant. On rejoint ensuite les lèvres de l'incision, et on les coud à l'exception de la pointe inférieure dont on laisse les bords écartés pour donner passage au pus. Lorsque la plaie est située dans une partie du corps où l'animal puisse se lécher, on peut l'abandonner à elle-même ; dans le cas contraire il faut la laver de temps en temps avec de l'eau fraîche.

FURONCLES.

Symptômes. Les furoncles sont des tumeurs dures, arrondies, très-saillantes et fort douloureuses qui peuvent se former dans toutes les parties du corps. Ils ne se terminent jamais que par suppuration ; alors ils s'ouvrent par leur sommet et donnent issue à un petit corps solide, blanchâtre et allongé, nommé *bourbillon*, qui s'échappe avec une quantité de pus et de sang plus ou moins considérable.

Traitement. Il faut hâter la maturité du furoncle en le frottant plusieurs fois par jour avec de la graisse, et lorsqu'il est assez ramolli, on l'ouvre pour en faire sortir l'humeur. Si la plaie est située dans un endroit où le chien puisse se lécher, on peut, après l'opération, l'abandonner à elle-même ; dans le cas contraire, il est bon de la laver fréquemment avec de l'eau fraîche.

MOYEN DE DÉBARRASSER LE CHIEN DES PUCES.

Renouveler fréquemment sa litière, le baigner souvent, le tondre en été lorsque c'est un chien à long poil, lui donner une bonne nourriture et le tenir proprement, tels sont les moyens hygiéniques à l'aide desquels on peut préserver l'animal des attaques des puces. Lorsqu'il en est tourmenté à l'excès, on peut les détruire en le frottant avec du savon noir ou avec un mélange de quatre parties d'eau-de-vie et d'une partie d'essence de térébenthine. On peut aussi se servir d'une décoction de brou de noix à laquelle on a ajouté le tiers de vinaigre, ou d'une décoction de 30 grammes de coloquinte dans un quart de litre d'eau.

6° MALADIES D'ACCIDENT.

BLESSURES, PLAIES.

Les chiens de chasse sont exposés à recevoir des coups de boutoirs qui peuvent leur occasionner de larges blessures. Il faut alors rapprocher les bords de la plaie et les coudre de la manière suivante : On perce avec une aiguille pourvue d'un gros fil ciré la partie supérieure des deux lèvres, on rapproche les bords, on noue le fil et on le coupe; on pratique la même opération sur la partie inférieure. De cette manière, on ménage un passage au pus. On modère l'inflammation et l'enflure qui accompagnent toujours les plaies de cette nature en les lavant plusieurs fois par jour avec de l'eau froide.

Lorsque la plaie donne lieu à une hémorrhagie abondante, il faut chercher à la calmer par tous les moyens propres à arrêter le sang. On placera un large morceau d'amadou sur la blessure ; si cette application est insuffisante, on lavera la partie soit avec de l'eau vinaigrée, soit avec une solution de couperose bleue, de couperose verte ou d'alun. Enfin on aura recours pour dernière ressource, à la cautérisation avec un fer rouge.

Lorsqu'un chien a été éventré par un sanglier et que la blessure donne passage aux intestins, il faut se hâter de laver ceux-ci s'ils ont été salis, de les replacer dans le ventre et de coudre la plaie. L'inflammation qui ne tarde pas à se manifester en pareil cas, se modère avec des lotions d'eau froide. On évitera pendant le traitement et même quelque temps après la guérison, de donner à l'animal des aliments trop compactes et trop substantiels qui, en chargeant les intestins, pourraient compromettre le rétablissement de l'animal.

BRULURES.

Lorsqu'un chien s'est brûlé en s'approchant trop près du foyer ou du poêle, ou qu'il a été échaudé avec de l'eau bouillante, il faut de suite couper les poils de la partie malade et y appliquer des compresses imbibées d'eau froide qu'on a soin de renouveler fréquemment. Il vaut encore mieux, si c'est possible, plonger l'animal dans un

baquet d'eau froide et l'y maintenir quelque temps.

Si la brûlure est profonde ou s'il s'est
déjà écoulé quelque temps depuis l'accident, il faut appliquer sur la partie un
liniment composé soit d'égales parties
d'huile de lin et de jaunes d'œufs, soit
d'huile d'olive et de blancs d'œufs, également par égales portions, soit enfin d'huile
d'olive et de chaux éteinte dans une certaine quantité d'eau.

FRACTURE DE LA PATTE.

Symptômes. Le chien boite et ne s'appuie plus sur la patte malade; il la traîne
en marchant ou la lève plus haut qu'à l'ordinaire; lorsqu'on la touche, il manifeste
de la douleur; on sent à l'endroit de la
fracture une mobilité qui n'est pas naturelle, et l'on entend craquer l'os lorsqu'on
le manie. Lorsque les deux extrémités de
l'os fracturé ont quitté leur position naturelle, et qu'elles sont placées l'une sur
l'autre ou l'une à côté de l'autre, l'endroit
fracturé augmente de volume, le membre
se raccourcit et devient difforme; les os
font saillie et peuvent même quelquefois
percer la peau.

Traitement. Le premier soin doit être
de rétablir les os dans leur position natu-

relle et de chercher à les y maintenir ; pour
y parvenir, après avoir rajusté les os, on
entoure la partie d'un morceau de linge
que l'on fixe par une bande de deux doigts
de largeur et sur lequel on pose quatre
éclisses minces et étroites que l'on fixe
également au moyen d'une bande de toile.
Les éclisses doivent être placées de manière que leur milieu repose précisément
sur le siége de la fracture ; mais on doit
éviter de faire reposer leurs extrémités sur
les articulations ; car elles y occasionneraient de l'inflammation et du gonflement.
L'appareil ainsi disposé, on l'humecte plusieurs fois par jour avec de l'eau-de-vie
camphrée (8 grammes de camphre dissous
dans un quart de litre d'eau-de-vie). Au
bout d'un mois on peut lever l'appareil ; il
arrive souvent alors que la jambe a con-
servé de la raideur et que les articulations
sont inflexibles. Pour leur rendre leur souplesse, il suffit de les frotter soir et matin
avec un mélange composé de parties égales
d'onguent nervum, d'onguent populéum et
d'huile d'achée ; il faut en outre faire
prendre beaucoup d'exercice à l'animal.

BOITERIE.

Lorsqu'on s'aperçoit qu'un chien boite,
il faut examiner avec soin la patte qui paraît malade ; si elle est fracturée, on agira

comme nous l'avons indiqué en parlant de la fracture. Si l'on y découvre une épine ou tout autre corps étranger, on l'extraira et on lavera la partie plusieurs fois par jour avec de l'eau fraîche. Si l'on remarque un léger gonflement et une augmentation de chaleur naturelle dans l'articulation, on y fera plusieurs fois par jour des frictions avec de l'eau-de-vie camphrée, et on la baignera dans de l'eau froide. Enfin si l'on s'aperçoit qu'une des jambes se dessèche et s'amaigrisse, on la lavera avec un mélange de 128 grammes d'esprit de camphre et de 8 grammes de teinture de cantharides; après avoir fait usage de cette composition pendant cinq à six jours, on baignera toutes les six heures la jambe dans de l'eau froide, et au bout de huit jours on cessera l'usage de ces bains pour revenir aux frictions. Dans tous les cas, on tiendra le chien à l'attache, et on lui donnera une litière molle et fraîche.

AGGRAVÉE.

L'aggravée est une maladie du pied du chien, aussi connue des chasseurs sous les noms de *boiterie, crevasses aux pieds, engravée, chiens fourbus,* etc.

Symptômes. Les tubercules plantaires deviennent chauds, douloureux, rouges et enflammés. L'animal souffre du pied, s'appuie difficilement dessus ou le tient constamment levé ; les souffrances sont d'autant plus vives que le chien reste plus longtemps couché. Par suite la patte malade devient raide, la plante du pied s'amincit et se crevasse, et lorsque le mal est très-grand, il peut quelquefois se compliquer du détachement de la sole et de la chute de l'ongle. L'animal est saisi de fièvre, reste couché et refuse toute espèce d'aliment.

Causes. Cette maladie est le résultat d'une réunion de petites contusions répétées, effet d'une longue marche faite pendant une grande sécheresse, de la chasse dans des terrains sablonneux, pierreux, raboteux, échauffés ou couverts de neige et de glace.

Traitement. L'aggravée légère se dissipe presque toujours d'elle-même par le repos sur un bon lit de paille, et par l'assiduité de l'animal à se lécher les pattes malades. Si la maladie est plus grave, mais que l'engorgement ne fasse encore que s'établir, dit M. Hurtrel d'Arboval, il suffit souvent d'envelopper la patte affectée avec un cataplasme composé de suie, de terre glaise ou de blanc d'Espagne délayé dans du vinaigre, préparation à laquelle on ajoute parfois des blancs d'œufs. Ce moyen suffit fréquemment pour faire avorter une inflammation commençante. Si cependant cette dernière augmentait, il faudrait recourir aux cataplasmes de mauve ou de farine de graine de lin. Si la fièvre est forte, il faut faire une ou plusieurs saignées à la jugulaire. Quand la patte est très-gonflée, que l'animal ne peut rester debout et qu'il crie ou se plaint en tenant ses pattes levées et écartées, on doit se hâter de faire quelques petites incisions et de laver les plaies avec de l'eau froide chargée d'un peu d'extrait de saturne.

6° MALADIES DIVERSES.

FIÈVRE.

Le chien est sujet à quatre espèces de fièvres principales ; ce sont la fièvre catarrhale, la fièvre putride et nerveuse, la fièvre inflammatoire et la fièvre qui est occasionnée par un embarras de l'estomac ou des intestins.

Symptômes de la fièvre en général. Au début de la maladie, frisson, tremblement des membres, claquement des dents, froid du nez, des oreilles, de la bouche et de la peau, battements du cœur à peine sensibles. Cette période, qui dure d'une demi-heure à deux heures, est suivie de chaleur générale, de sécheresse du nez, de soif; la langue est pendante, la respiration accélérée, le pouls rapide (80 à 110 pulsations par minute et même davantage); l'animal perd l'appétit, est triste, abattu et se courbe sur lui-même en se couchant. Souvent il survient de la diarrhée. La durée de la fièvre varie de un à quatorze jours et même davantage, suivant son espèce et la cause qui l'a occasionnée.

Traitement. Lorsqu'un animal a de la fièvre et qu'on ignore quelle est la cause et la nature de cette affection, on agira de la manière suivante : On fournira une bonne litière au chien, on lui donnera pour boisson de l'eau fraîche qu'on renouvellera plusieurs fois par jour, et on le privera pendant un jour ou deux de toute espèce d'aliment. Si les symptômes de chaleur sont très-prononcés, on lui fera boire soit du lait aigre, soit de l'eau vinaigrée ou nitrée. On prépare cette dernière en faisant fondre 4 à 16 grammes de salpêtre dans un demi-litre d'eau.

S'il y a constipation, on donnera deux fois par jour un lavement composé d'un demi-verre à deux verres d'eau à laquelle on aura ajouté un peu de savon et d'huile de lin. Si l'animal éprouve des envies de vomir, on lui fera prendre de l'infusion de camomille avec de l'huile de lin, ou 5 à 25 centigrammes d'émétique dans trois ou quatre cuillerées d'eau.

FIÈVRE CATARRHALE.

Symptômes. Au début de la maladie, frisson, tremblement, lassitude, perte de l'appétit. Au second jour et même quelquefois dès le premier, se déclarent tous les symptômes du catarrhe ; le nez devient brûlant, les yeux rouges et larmoyants, l'animal éternue, tousse quelquefois, et il lui sort du nez des mucosités plus ou moins épaisses. Au bout de quelques jours, le chien est complètement rétabli.

Causes. La fièvre catarrhale est toujours la suite d'un refroidissement ; les petits chiens d'agrément, d'une constitution délicate, y sont plus sujets que les chiens de grande taille qui prennent beaucoup d'exercice.

Traitement. Garantir l'animal du froid sans cependant le tenir trop chaudement. S'il tousse, lui donner l'électuaire suivant : Réglisse pulvérisée 30 grammes, fleurs de soufre 8 grammes, semence d'anis 8 gramm., baies de genévrier 15 grammes ; on concasse ces derniers ingrédients, on mélange le tout et l'on y ajoute parties égales de suc de carottes et de suc de sureau pour donner à la composition la consistance convenable. La dose est pour un gros chien de 8 grammes le matin et 8 grammes le soir; elle est de moitié moindre pour un petit chien. Le remède suivant, quoique très-simple, est aussi très-efficace : on fait dissoudre 15 grammes de jus de réglisse dans un quart de litre de bière brune, et l'on en donne de trois à six cuillerées à bouche le matin, à midi et le soir.

FIÈVRE PUTRIDE ET NERVEUSE.

Symptômes. L'animal est triste et abattu, et reste presque continuellement couché. Il est très altéré et a perdu l'appétit; il a le pouls rapide et très-faible, les yeux troubles, la tête brûlante, la langue sèche, les yeux demi-fermés; il pousse des hurlements et il est agité de mouvements convulsifs. A ces symptômes se joint souvent la diarrhée dont les matières sont quelquefois sanguinolentes; la sueur et les excréments du chien ont une odeur fétide. Lorsque l'animal est sur le point de succomber, sa respiration devient accélérée, et les battements de son cœur presque insensibles.

Causes. L'échauffement et des fatigues excessives sont les causes les plus ordinaires de la fièvre putride et nerveuse ; elle attaque aussi les chiens qui ont mangé une trop grande quantité de viande, ou de la chair provenant d'un animal mort d'une affection maligne, par exemple du charbon.

Traitement. On mettra l'animal dans un endroit frais, et on lui donnera à boire de l'eau mélangée d'une petite quantité de vinaigre. S'il mange encore, on lui présentera du bouillon. On lui administrera en outre l'infusion suivante : Prenez valériane 30 grammes, calamus 8 grammes, fleurs d'arnica 2 grammes, hachez le tout, versez dessus de l'eau bouillante, laissez infuser pendant une demi-heure, passez à travers un linge et ajoutez un peu de sucre. La dose est d'une demi-cuillerée toutes les trois heures pour un petit chien, et de deux cuillerées pour un chien adulte. S'il y a de la diarrhée et qu'elle soit violente, ajoutez à cette boisson 24 gouttes de teinture simple d'opium.

FIÈVRE INFLAMMATOIRE.

La fièvre inflammatoire n'existe jamais seule ; elle est toujours la conséquence de l'inflammation d'un organe intérieur ou d'une plaie. Nous indiquerons donc d'abord les symptômes généraux de cette fièvre, et nous ferons ensuite connaître les signes auxquels on peut distinguer quel est le siége de l'inflammation.

Dans cette sorte de fièvre, l'animal éprouve d'abord du frisson, ensuite de la chaleur ; le pouls est dur et rapide, la respiration accélérée ; le chien bat des flancs, laisse pendre sa langue hors de sa bouche et est très-altéré ; il a la peau brûlante surtout à la tête et aux oreilles, les yeux rouges et enflammés, il reste presque toujours couché, son sommeil est agité et il aboie ou gémit en dormant. A ces symptômes s'en joignent d'autres qui varient suivant la partie affectée, et dont nous allons nous occuper.

1º. INFLAMMATION DU POUMON ET DE LA PLÈVRE.

Symptômes. Outre les symptômes généraux de la fièvre inflammatoire, la respiration est excessivement accélérée et pénible, l'animal tousse, ne peut rester couché en repos, change sans cesse de place et porte fréquemment ses regards vers sa poitrine.

Causes. Cette affection se déclare toujours à la suite d'un refroidissement, principalement chez les chiens qui sont entrés dans l'eau ou qui ont bu de l'eau très-froide étant en sueur.

Traitement. On se hâtera de saigner l'animal au cou et de lui tirer d'un huitième à un quart de kilogramme de sang suivant sa taille. On le mettra dans un endroit abrité du froid sans être trop chaud, on lui fera boire du petit-lait ; si cette boisson lui répugne, on y substituera de l'eau fraîche qu'on aura soin de renouveler fréquemment, on lui administrera en outre l'électuaire suivant : Salpêtre pilé 32 grammes, poudre de réglisse 48 grammes, jus de carotte en quantité suffisante pour lier le tout. La dose, qui est de 4 grammes pour un tout petit chien et de 16 grammes pour un chien de grande taille, doit être répétée trois fois par jour. Si l'animal est constipé, on ajoutera à ce médicament 8 grammes de feuilles de séné pulvérisées. On obtient aussi de bons effets de la composition suivante : Prenez parties égales de tartre vitriolisé, de salpêtre et de poudre de réglisse, mélangez le tout avec une certaine quantité de miel et faites-en avaler au chien de trois heures en trois heures une dose qui variera de 4 à 16 grammes suivant sa taille.

Si la maladie traîne en longueur, c'est-à-dire si elle dure plus de six à huit jours, on appliquera un séton sur la poitrine ou sur l'épaule. On donnera en même temps au chien deux lavements par jour ; ces lavements seront composés de la manière suivante : On prendra une poignée de camomille, on la fera bouillir dans un litre d'eau, on passera à travers un linge et on ajoutera à la décoction 2 grammes de salpêtre et 8 grammes d'huile de lin.

On continuera ce traitement jusqu'à ce que la fièvre inflammatoire soit entièrement dissipée. Lorsqu'elle commencera à diminuer, on ajoutera aux médicaments que nous avons indiqués plus haut des feuilles et des fleurs d'arnica réduites en poudre, dans le but de prévenir les indurations et les abcès.

2°. INFLAMMATION DE L'ESTOMAC ET DES INTESTINS.

Symptômes. Symptômes généraux de la fièvre, pouls accéléré, donnant 100 pulsations par minute et même davantage, mais moins dur que dans la pneumonie ; agitation, anxiété, gémissements, hurlements, signes de douleur qui redoublent lorsqu'on presse le ventre à l'animal ; ballonnement et dureté de cette partie. Quelquefois suffocation, vomissements, renvois, constipation.

Causes. Les chiens sont ordinairement

atteints de cette maladie à la suite d'un refroidissement, d'une indigestion, ou pour avoir mangé des substances vénéneuses, notamment de l'arsenic.

Traitement. On commencera par pratiquer une saignée plus ou moins forte, suivant l'âge de l'animal et l'intensité de la maladie. Si l'on a lieu de croire que le chien a été empoisonné, on lui fera boire du lait en abondance, et on lui donnera une décoction d'une poignée de graine de lin bouillie dans un litre d'eau et à laquelle on ajoutera 100 grammes d'huile d'olive ou d'œillette. Cette décoction s'administrera toutes les demi-heures à la dose de deux grandes cuillerées pour un petit chien, et de quatre cuillerées pour un chien de grande taille.

Si le chien n'a pas été empoisonné, on lui administrera des boissons rafraîchissantes et mucilagineuses, par exemple des décoctions de racine de guimauve, de graine de lin ou de l'eau d'orge. S'il refuse de les boire, on les donnera en lavements, et on lui fera prendre quatre fois par jour une à trois cuillerées d'une potion composée d'un quart de litre d'infusion de camomille et de 16 grammes d'huile d'œillette. Lorsqu'au bout de quelques jours, l'animal reprend de l'appétit, il ne faut lui donner que des aliments faciles à digérer et en petite quantité.

3°. INFLAMMATION DE LA RATE, DU FOIE ET DES INTESTINS.

Mêmes symptômes et même traitement que pour l'inflammation du poumon.

FIÈVRE PRODUITE PAR UN EMBARRAS DE L'ESTOMAC OU DES INTESTINS.

Symptômes. Outre les symptômes généraux de la fièvre, on observe ceux-ci : perte de l'appétit, dégoût, fétidité de l'haleine, agitation, renvois, suffocation, vomissement, quelquefois diarrhée ou constipation, expulsion de vents, et odeur infecte des excréments.

Causes. Cette espèce de fièvre attaque les chiens qui ont trop mangé de graisse, de viande ou de fromage, ou qui ont mangé des aliments auxquels ils n'étaient pas habitués.

Traitement. Lorsqu'il y a envie de vomir et suffocation, ou lorsque l'animal refuse de manger plusieurs jours de suite, il faut lui donner un vomitif (5 à 25 centigrammes d'émétique dissous dans deux cuillerées d'eau). On administre ce vomitif en deux doses, à deux heures d'intervalle, et l'on ne donne la seconde moitié que lorsque la première n'a pas produit l'effet désiré. Pendant quelques jours on diminue la ration de l'animal et on ne lui donne que de la soupe.

S'il y a constipation ou si les selles sont paresseuses, on donnera un purgatif (8 à 32 grammes de sel de Glauber dissous dans deux à quatre cuillerées d'eau) ; on administrera cette dose en deux fois à quatre heures d'intervalle. Si le chien est de petite espèce et d'une constitution délicate, on donnera la préférence au purgatif suivant : faites bouillir pendant une demi-heure 8 grammes de feuilles de séné dans un demi-verre d'eau, passez et ajoutez à la décoction 12 grammes de sel de Glauber et 2 grammes de jus de réglisse ; on administre ce purgatif en trois doses, à deux heures d'intervalle. Si la première ou la seconde produisent leur effet, on ne donne pas la troisième.

MALADIE DES CHIENS.

La maladie des chiens est une affection nerveuse dont le siége est principalement à la moëlle épinière, et dans laquelle les organes de la digestion sont plus ou moins altérés.

Symptômes. Elle se manifeste d'abord par un tressaillement dans les membres ; le chien devient triste, recherche la solitude, perd l'appétit et finit par ne plus manger du tout. Ces symptômes sont suivis d'un écoulement par le nez et d'une faiblesse de l'arrière-train qui augmente peu à peu et dégénère en paralysie complète ; cette paralysie n'est que partielle chez quelques chiens ; ils chancellent et tombent sur leur derrière en marchant. Dans le premier période de la maladie, il y a ordinairement constipation, rougeur des yeux et larmoiement de matière visqueuse.

Causes. Cette maladie n'attaque guère que les jeunes chiens ; elle se déclare principalement à la suite d'un refroidissement et chez les animaux qui sont mal soignés et mal nourris, ou qui entrent en chaleur à un âge trop peu avancé. On la prévient facilement en nourrissant le jeune chien de soupe au lait très-salée, et en lui donnant pour boisson une décoction de chicorée, jusqu'à ce que la dentition soit terminée.

Traitement. On ne peut espérer de succès dans le traitement qu'autant que la maladie est prise à son début. On commence par donner au chien 1, 2 ou 3 grammes d'antimoine, suivant qu'il est de petite, de moyenne ou de grande taille ; le vomissement doit s'ensuivre. Le lendemain on administre du sel de Glauber dissous dans de l'eau à la dose de 8, 12 ou 16 grammes, suivant la taille du chien; on lui fera prendre cette dose soir et matin ; on l'augmentera même si elle ne produit pas d'effet, et l'on continuera ce traitement pendant quatre jours. S'il y a de la constipation, on la fera cesser en donnant au chien, de trois heures en trois heures, un lavement ainsi composé : on fera dissoudre 32 grammes de savon dans 1/2 litre d'eau, on y mêlera 32 grammes de sel commun, et l'on en administrera à l'animal une quantité proportionnée à sa taille, après y avoir ajouté 8 grammes d'huile de lin. Pour prévenir l'affaiblissement de l'arrière-train, on le lavera tous les jours avec la composition suivante : alcool camphré 250 grammes, ammoniaque liquide 64 grammes, teinture de cantharides 16 grammes ; le tout bien mélangé.

On conseille aussi de mettre des morceaux de soufre concassés dans la boisson du chien, et de lui faire avaler en guise de bols, de petites boulettes de tabac en poudre humectées d'eau, et roulées dans de la farine.

RAGE OU HYDROPHOBIE.

Causes. Cette maladie se développe chez le chien, soit spontanément, soit à la suite de la morsure d'un animal qui en était lui-même atteint. Elle s'observe principalement pendant le froid rigoureux de l'hiver et les grandes chaleurs de l'été.

Symptômes. Il serait bien à désirer qu'on pût, dans tous les cas, reconnaître avec certitude quand un chien est enragé ; mais tous les signes que l'on donne comme pouvant conduire à ce résultat sont équivoques. Cependant, on doit soupçonner que cette maladie existe lorsque l'animal devient triste, qu'il recherche la solitude et l'obscurité ; lorsqu'après avoir été assoupi, il s'agite, refuse les aliments et les boissons, porte la tête basse, la queue serrée entre les jambes ; s'il quitte tout à coup la maison de son maître et s'il s'enfuit la gueule pleine d'écume, la langue pendante et flétrie, s'il a les yeux brillants. La marche du chien enragé est tantôt ralentie, tantôt précipitée et comme indécise, il est presque toujours changeant de place ; la soif le brûle, mais il ne peut se désaltérer : il frissonne même à l'aspect de l'eau ; il a de temps en temps des accès de fureur, il se jette sur les animaux qu'il rencontre, sur les gros comme sur les petits. Les autres chiens le fuient, dit-on, avec des cris de frayeur. Il se jette aussi sur les hommes, et son maître, qu'il méconnaît, n'est pas épargné. Le bruit, les menaces, ne font que l'irriter ; la lumière ou les couleurs très-vives produisent le même effet. Il n'aboie point, il murmure seulement, ou, s'il aboie, sa voix est rauque; enfin, il chancelle et il succombe : c'est ordinairement du quatrième au cinquième jour de la maladie qu'il meurt, et après deux ou trois accès ou augmentations de symptômes. On donne vulgairement le nom de rage mue au premier degré de cette maladie, et celui de rage blanche ou confirmée au deuxième degré.

On ne peut douter de l'existence de la maladie si l'animal qui présente les symptômes que nous venons d'indiquer, a été mordu par le même chien ou le même loup qu'une personne ou un animal qui a succombé à la rage.

Mais il est des causes d'incertitude qu'il est important de connaître. Ainsi on a vu des chiens véritablement enragés perdre toute fureur après l'accès, manger et boire et même traverser des rivières à la nage ; certaines maladies empêchent les chiens de boire et de manger, et leur rendent le naturel féroce en détruisant subitement chez ces animaux le résultat de la domesticité.

Dès qu'un chien a mordu quelqu'un, on s'empresse presque toujours de le tuer. C'est une source d'erreurs qui contribuent souvent à entretenir des craintes inutiles et même à frapper l'imagination d'une manière funeste. On devrait plutôt enchaîner ce chien pour l'observer et vérifier s'il est véritablement enragé. Dans ce cas, on verra l'animal périr en peu de jours; s'il gué. rit, il n'était point attaqué de la rage.

Quelques auteurs conseillent d'imprégner un morceau de pain ou de viande avec le sang qui sort des plaies faites par l'animal suspect, et de le présenter à un chien; s'il refuse de le manger, il y a, assure-t-on, communication de la rage; dans le cas contraire, la morsure n'a rien de dangereux. Au lieu de cela, Petit veut, pour faire l'expérience, que la portion d'aliment présentée au chien soit trempée dans la bave de l'animal présumé enragé.

La rage communiquée aux chiens se développe ordinairement vers le quarante-deuxième jour; néanmoins elle peut ne se manifester que six ou huit mois, et même un an après la blessure.

Traitement. Dès qu'un chien a été mordu par un animal enragé ou suspect, si le propriétaire tient à le conserver, on s'empressera de prévenir le développement de la maladie par les moyens suivants : On commencera par pratiquer des incisions sur la plaie et dans son voisinage, et lorsqu'elles auront bien saigné, on les lavera avec de l'eau chaude et on les cautérisera immédiatement. Cette cautérisation se fait soit avec un fer rouge, soit avec la pierre in-

fernale, l'eau forte, l'huile de vitriol ou le
beurre d'antimoine.

Si l'on emploie le fer, il faut en choisir
un morceau plus large que la plaie, le faire
chauffer jusqu'au rouge et l'appliquer sur
toute l'étendue des chairs mordues de manière à ne pas laisser un seul point qui ne
soit brûlé. On ne le retire que lorsque toute
la surface est devenue noire. On peut aussi
brûler la plaie avec de la poudre à canon ;
mais seulement lorsque les chairs ne four-
nissent plus de sang ; on saupoudre toute
la surface de la plaie avec de la poudre de
chasse et l'on y met le feu.

Les meilleurs caustiques que l'on puisse
employer sont l'eau forte, l'huile de vitriol
et le beurre d'antimoine ; car les liquides
pénètrent mieux dans la plaie que le fer
rouge. Pour les appliquer, on fait une espèce de pinceau avec de la charpie ou des
étoupes, on le trempe dans la liqueur et on
le porte exactement sur toute la surface de
la plaie ; on renouvelle cette application
plusieurs fois de suite et l'on appuie plus
fortement le pinceau dans les endroits que
l'on veut brûler plus profondément.

Lorsqu'on aura terminé la cautérisation,
qui ne présente d'ailleurs aucun danger
pour celui qui l'opère, puisque la rage ne se
déclare et par conséquent ne peut se trans-
mettre qu'au bout de plusieurs semaines,
on mettra l'animal dans un endroit fermé,

ni trop chaud si c'est en été, ni trop froid
si c'est en hiver, et dans lequel on puisse
l'observer à l'aise sans crainte d'en être
mordu pour le cas où la rage viendrait à se
manifester; on placera à sa portée un large
vase rempli d'eau de bonne qualité et qu'on
renouvellera fréquemment; on lui continuera la nourriture à laquelle il était habitué, mais en petite quantité. Si c'est pendant les chaleurs, on fera bien de l'asper-
ger de temps en temps avec de l'eau froide.

Si malgré ces précautions, la rage vient
à se déclarer, il ne faut pas hésiter à tuer
l'animal. On l'enterrera dans une fosse
profonde et on lavera tous les objets qui
pourraient avoir été mouillés par sa bave,
de peur que la maladie ne se communique
à quelque personne ou à d'autres animaux
qui auraient touché ce venin si dangereux.

RHUMATISME, GOUTTE.

Symptômes. L'animal boite, traîne la
jambe en marchant ou la lève plus haut
qu'à l'ordinaire; il gémit et crie lorsqu'on
lui saisit cette partie. Le membre malade
n'offre du reste aucun signe de lésion;
seulement dans quelques cas, on remarque
un gonflement douloureux des articulations.

Causes. Refroidissement, avoir couché

sur de la terre humide ou sur des pierres froides.

Traitement. On met l'animal dans un endroit chaud, on lui donne une bonne litière, on diminue la quantité de ses aliments et l'on évite surtout avec soin de lui donner de la viande. On frictionne plusieurs fois par jour la jambe malade soit avec un morceau d'étoffe de laine, soit avec de l'huile d'olive ou de l'onguent d'althœa ; on la baigne tous les deux jours dans de l'eau chaude, et pendant qu'elle est dans l'eau on la frotte fortement avec de la laine et du savon. Ce bain est encore plus efficace lorsqu'on y ajoute de l'eau-de-vie.

Nous répéterons ici ce que nous avons déjà dit plus haut ; il faut éviter d'employer dans le traitement des chiens, des préparations qui contiennent des substances vénéneuses ; car l'animal, en se léchant, peut s'empoisonner. Si l'emploi de ces préparations est indispensable, il faut envelopper d'un linge la partie sur laquelle on les applique.

ÉPILEPSIE.

Symptômes. L'animal, dans l'intervalle des attaques, n'offre aucun symptôme de maladie ; il est gai et remplit bien toutes ses fonctions. Mais lorsque l'accès se déclare, il chancelle, tombe, reste étendu à terre sans connaissance pendant quelques minutes, éprouve des convulsions dans les jambes et remue la tête. Ensuite il reprend peu à peu l'usage de ses sens, regarde autour de lui, se relève, se secoue et reprend une apparence complète de santé jusqu'à ce qu'un nouvel accident survienne après un intervalle plus ou moins long.

Causes. Les petits chiens de dames qui sont naturellement très-délicats et très-irritables, sont ceux qui sont le plus sujets à l'épilepsie. Cette maladie peut aussi attaquer les chiens de grande taille à la suite d'un échauffement, de fatigues excessives, de mauvais traitements, de frayeur, d'abus ou de privation complète de l'accouplement, etc.

Traitement. Lorsque le mal est invétéré, il ne faut pas espérer de le guérir ; on doit alors se borner à éloigner autant que possible les attaques ; on y parvient en donnant peu à manger à l'animal, en l'empêchant de trop se chauffer et en le traitant avec douceur. Mais lorsque l'épilepsie est récente et que les attaques ont encore été peu nombreuses, on peut employer avec succès le traitement suivant : Si le chien est de grande taille et si l'épilepsie a été occasionnée par un échauffement ou par de mauvais traitements, on fera une saignée immédiatement après l'accès, et l'on donnera tous les jours 8 grammes de salpêtre et 48 grammes de sel de Glauber dans un quart de litre d'eau, jusqu'à ce que l'animal soit bien purgé. S'il s'agit d'un petit chien de chambre, on commencera par lui donner 8 à 16 grammes de sel de Glauber dans un demi-verre d'eau, et on lui administrera plus tard la boisson que nous avons indiquée dans le traitement de la fièvre putride et nerveuse.

Les bains sont très-utiles dans l'épilepsie; on les fait prendre froids aux gros chiens, et tièdes aux chiens délicats.

FAIM CANINE OU BOULIMIE.

Symptômes. L'animal a un appétit extraordinaire; mais plus il mange, plus il devient maigre, sans présenter du reste aucun signe de maladie.

Causes. Vers dans le canal intestinal, mauvaise digestion, âcreté des sucs de l'estomac.

Traitement. Si la boulimie paraît occasionnée par des vers, on administre un vermifuge. (Voyez l'article *vers*.) Si elle dépend d'une autre cause, on donne un vomitif (5 à 25 centigrammes d'émétique dans deux cuillerées d'eau). S'il ne se manifeste pas d'amélioration, on donne quatre jours après, à l'animal, de la craie en poudre ; la dose est de 2 à 4 grammes soir et matin. On continue ce traitement pendant huit jours.

Un vétérinaire distingué conseille d'administrer soir et matin au chien 4 à 8 grammes de la poudre suivante : Coquilles d'huître calcinées et pulvérisées 8 grammes, poudre d'acier 4 grammes, racines de galanga en poudre 8 grammes ; le tout bien mélangé. Si ce remède ne produit pas l'effet désiré, au bout de quelques jours on purge le chien avec la préparation suivante : Aloès purifié 1 gramme, crème de tartre 2 grammes, racine de gingembre 1/2 gramme ; le tout réduit en poudre et mélangé. Cette dose est celle qu'il faut donner à un petit chien ; on la double pour un chien de moyenne taille, et on la triple pour un chien de grande espèce.

ENGOURDISSEMENT, SOMNOLENCE.

Les petits chiens d'agrément qui prennent peu d'exercice, perdent leur vivacité et deviennent paresseux et somnolents. Cet état, en se prolongeant, peut amener des accidents nerveux, tels que le vertige et l'épilepsie. Il faut le dissiper en promenant beaucoup l'animal, en lui interdisant l'approche du poêle ou du foyer, en diminuant la quantité de ses aliments et en lui donnant une nourriture moins substantielle.

MALADIES

DES OISEAUX DE BASSE-COUR.

1º **MALADIES DES POULES.**

PÉPIE.

Cette maladie, qui attaque fréquemment la jeune volaille, a presque toujours pour cause la disette ou la malpropreté de l'eau. La poule cesse de manger et de boire, a l'air triste et se tient à l'écart; sa voix devient rauque et frêle; elle ouvre fréquemment le bec comme si sa respiration était gênée, et remue la tête comme pour éternuer; sa langue prend une teinte jaunâtre, et l'on voit bientôt se développer à son extrémité une pellicule cornée d'un blanc mat qui empêche l'animal de manger.

Il est important de traiter de bonne heure les oiseaux attaqués de la pépie, parce qu'alors le remède en est plus facile et l'effet plus prompt. On enlève doucement avec la pointe d'un canif la petite cornée dure et blanche qui s'est formée au bout de la langue; on lave ensuite la plaie avec du vinaigre et on l'enduit de beurre frais. On tient l'animal enfermé pendant quelques jours et on le nourrit de son mouillé. On peut aussi lui donner à boire une eau rafraîchissante dans laquelle on a pilé des graines de concombres.

MALADIE DU CROUPION.

Elle est produite par la malpropreté et l'infection du poulailler ; elle est presque toujours précédée de constipation. C'est une petite tumeur enflammée qui survient à l'extrémité du croupion. Toutes les volailles qui en sont affectées ont le plumage hérissé et languissant ; elles deviennent tristes, penchent la tête, leur démarche est lente, leur sommeil pénible et leur queue traînante. La meilleure méthode que l'on puisse employer pour le guérir consiste à inciser la tumeur avec un couteau bien tranchant, à donner issue au pus en la pressant entre les doigts, et à laver la plaie avec du vinaigre, de l'eau ou du vin salés. Pendant la convalescence, on mettra la poule à un régime rafraîchissant ; on lui donnera de la laitue, du son d'orge et du seigle bouilli dans une suffisante quantité d'eau.

COURS DE VENTRE OU DIARRHÉE.

Cette maladie est occasionnée par une

ı trop grande quantité de nourriture humide.
Quand les poules en seront attaquées, on fera bien de leur donner pendant quelques jours des cosses de pois cuites dans de l'eau ; si l'on ne parvient pas à arrêter le flux de ventre par ce régime, on ajoutera aux cosses de pois un peu de racine de tormentille réduite en poudre. Enfin si la maladie persiste, on fera prendre soir et matin quelques gouttes d'une infusion de camomille dans du vin chaud.

CONSTIPATION.

On peut l'attribuer à une trop grande quantité de nourriture sèche et échauffante. Les criblures de blé, l'avoine, le chenevis continués trop longtemps rendent la volaille sujette à cette maladie. On la guérit en lui donnant pendant longtemps du pain trempé dans du bouillon de tripes ; mais il arrive quelquefois que le mal ne cède point à ce remède ; il faut pour lors avoir recours à l'écume du pot que l'on enlève avec l'écumoire et à laquelle on ajoute un peu de farine de seigle avec de la laitue hachée bien menu ; on fait bouillir le tout ensemble et on le donne à la volaille. Si le mal s'opiniâtre, on ajoute à cette composition un peu de mauve.

14.

GOUTTE.

On dit que les poules sont attaquées de la goutte lorsque leurs jambes sont raides, quelquefois enflées, et qu'elles ne peuvent se tenir sur les perches. La cause de cette maladie est l'humidité. Eloignez toute cause d'humidité, telle que le fumier accumulé dans le poulailler, transportez la maison des poules ailleurs si leur habitation est naturellement trop humide. Tenez les poules malades pendant quelques jours dans un endroit chaud, par exemple derrière un four, enveloppez-les dans des linges chauds et bientôt le mal cessera.

VERMINE.

La vermine est due à la malpropreté; des soins de propreté suffisent en général pour la faire disparaître. Il est aussi très-bon d'avoir dans la basse-cour un lieu rempli de sable fin où les poules puissent se vautrer au besoin. On peut aussi en débarrasser promptement la volaille en la lavant avec de l'eau de savon. Ce remède vaut beaucoup mieux que les fumigations sulfureuses que quelques auteurs conseillent de faire dans les poulaillers.

OPHTHALMIE.

Les poules sont sujettes à l'ophthalmie, et même à devenir aveugles, si l'on n'y remédie promptement. Ce mal se reconnait à leurs yeux chassieux, à de petites plumes frisées qui les environnent, à la crête pâle et à la tête baissée. On distingue ordinairement deux sortes d'ophthalmie ; l'une qui provient d'une grande chaleur interne et reconnaît souvent pour cause le trop grand usage du chenevis et d'autres graines aussi échauffantes ; l'autre appelée fluxion catarrhale , qui est occasionnée par une nourriture trop humide ou par la qualité de l'air trop chargé de brouillard. Dans le premier cas, on ajoute à du suc d'éclaire et de lierre terrestre quelques cuillerées de vin, on en frotte les yeux de l'animal qu'on met au régime rafraîchissant. Dans le second, il faut avoir recours à l'eau-de-vie mêlée avec une égale quantité d'eau, en frotter matin et soir les yeux, et avoir attention de n'employer pour nourriture que des graines échauffantes telles que criblures de froment, chenevis, etc. Quand ces moyens sont insuffisants, on doit mettre en usage le remède suivant. Prenez 30 grammes de mauve, un demi-gros de rhubarbe et 30 grammes de farine de seigle. Pétrissez bien le tout ensemble avec suffisante quantité d'eau, donnez à ce mélange la forme et la consistance de pilules de la grosseur d'un pois, faites-en avaler par jour deux le matin et deux le soir, et frottez les yeux de l'oiseau malade avec le premier collyre indiqué.

TOUX.

La toux est une des maladies les plus fatales aux poules. Celles qui en sont attaquées font entendre une toux sourde, elles sont haletantes et souvent même menacées de suffocation par l'accumulation dans les voies respiratoires d'un grand nombre de petits vers rouges dont on parvient à les débarrasser par des décoctions amères.

ULCÈRES.

On remarque souvent sur le corps de la volaille de petites tumeurs ulcéreuses qui la font languir. Elles sont occasionnées par la mauvaise qualité de l'eau ou de la nourriture. Il faut alors faire fondre ensemble une égale quantité de résine, de beurre et de goudron pour former une pommade dont on frotte la partie affectée, qu'on a lavée auparavant avec du lait chaud ; deux ou trois pansements suffisent ordinairement pour déterminer la guérison.

ÉPILEPSIE.

Cette maladie rend les poules lourdes, presque immobiles, les maigrit extrèmement, et les jette dans des espèces de convulsions violentes qui finissent par amener la mort.

Ce qui paraît le mieux convenir contre l'épilepsie, c'est de rogner les ongles aux poules qui en sont atteintes et de les arroser souvent avec du vin. Il faut aussi les nourrir d'orge bouillie pendant 7 à 8 jours, puis les purger avec des feuilles de bettes, de choux, et leur donner ensuite du froment pur en se gardant bien de les mettre à l'usage du chenevis. On a cru remarquer que le seigle nouvellement cueilli, quoique parvenu à sa maturité, porte beaucoup à la tête des poules.

ROUPIE.

La roupie est une maladie qui se manifeste par un écoulement d'humeur par les narines. Les yeux de la poule sont éteints, on la voit trembler, se plaindre et bientôt mourir. Cette maladie est contagieuse, on doit mettre à part les poules qui en sont atteintes, les tenir dans un endroit bien chaud et leur donner une bonne nourriture.

LANGUEUR.

Les poules tombent quelquefois dans un état de faiblesse à force de trop pondre et de couver trop assidûment. Elles sont alors hérissées, elles ont le jabot plus gros qu'à l'ordinaire ; il y paraît des veines rouges, et elles rejettent la nourriture en la becquetant. Le remède consiste à faire cuire un blanc d'œuf jusqu'à ce qu'il soit comme brûlé, à y mêler une poignée de raisins secs et à leur donner de ce mélange avant toute nourriture ; au lieu d'avoine et de chenevis, ce sera l'orge qu'on préférera, et pendant six jours, de jour à autre, on donnera des laitues et de la poirée bien hachée avec du son détrempé dans de l'eau.

FRACTURES.

Lorsqu'une poule s'est cassé la patte ou la cuisse, il faut se contenter de la mettre dans un endroit où elle ne puisse pas percher, et de lui donner une bonne nourriture et de l'eau fraîche. Il faut bien se garder de lier la partie fracturée, car il en résulterait une inflammation qui se terminerait par un abcès.

MUE.

La mue est un état maladif commun à

tous les oiseaux. Les poulets en sont spécialement affectés lorsqu'ils sont encore petits ; ils sont alors tristes et mornes, leurs plumes se hérissent, ils secouent souvent de côté et d'autre celles de leur ventre pour les faire tomber, et les tirent avec leur bec en se grattant la peau ; ils mangent peu ; quelques-uns en meurent, principalement les poulets tardifs qui ne muent que dans les temps des vents froids d'octobre, tandis que ceux qui muent dès la fin du mois de juillet s'en tirent bien, parce que la chaleur contribue à la chute de leurs plumes et à la reproduction des nouvelles. Ceux-ci ne perdent même pas toutes leurs plumes, et celles qui ne tombent pas dans la première année tombent dans la suivante. Pour les garantir des périls de la mue, il faut les faire hucher de bonne heure et ne pas les laisser sortir trop matin à cause du froid, les nourrir de millet ou de chenevis, et faire fondre un peu de sucre dans l'eau qu'ils boivent.

CRISES DE LA JEUNE VOLAILLE.

La jeune volaille a deux maladies ou plutôt deux crises que l'on peut comparer à la dentition des enfants. La première est lorsque les plumes de la queue commencent à pousser, et la seconde lorsque la crête commence à paraître. Dans l'une et l'autre circonstance, la volaille demande à être préservée de toute humidité, à être tenue chaudement et bien nourrie; ainsi on ne laissera pas la mère avec ses poussins coucher sur la terre ou sur des carreaux humides; la bonne éducation de la volaille prescrit chaleur, manger et repos. On voit en effet que dès que les petits ont pris leur nourriture, ils courent sous l'aile de la poule, y dorment, et la chaleur qu'elle leur communique accélère la digestion.

2° MALADIES DES DINDONS.

—

Les dindons sont sujets aux mêmes maladies que les poules communes; elles se traitent aussi de la même manière.

3° MALADIES DES OIES.

—

DIARRHÉE.

Cette maladie devient souvent épizootique. On fait prendre avec succès aux oies qui en sont attaquées, du vin chaud dans lequel on a fait bouillir des pelures de coing, des baies de genévrier ou des glands. Quelques personnes se contentent de leur donner une nourriture sèche, telle que de l'orge en grain, de les tenir chaudement, et de faire macérer dans l'eau qu'elles boivent quelques tiges de sapin.

GONFLEMENT DU JABOT.

Le jabot des oies est sujet à se gonfler, sans qu'on puisse attribuer cet accident à la quantité de nourriture qu'elles ont consommée. Il faut alors nourrir l'animal pendant quelques jours avec du pain trempé dans de l'eau-de-vie et mélangé de feuilles de chou hachées très-menu.

PERTE DE L'APPÉTIT.

Quand vous vous apercevrez que l'oie a perdu l'appétit, faites-lui avaler une boulette de citronnelle fraîche et hachée.

VERTIGE.

Cet accident qui fait tourner les oies sur elles-mêmes, et ne tarde pas à les faire périr si elles ne sont promptement secourues, étant occasionné par la congestion du sang vers la tête, la meilleure manière d'en prévenir les suites, c'est de saigner l'a-

nimal en ouvrant avec une aiguille une
veine assez apparente placée sous la membrane qui sépare les ongles. On parvient
au même résultat en plongeant l'oie dans
l'eau froide et en lui faisant manger de la
mie de pain trempée dans de l'eau-de-vie.

POUX.

Ces insectes auxquels les oies sont assez
sujettes surtout lorsqu'elles ne vont pas à
l'eau, les incommodent beaucoup, les font
maigrir et font souvent même périr les
jeunes oies. Il y a plusieurs manières de les
détruire; une des plus efficaces, c'est de
plonger l'animal dans de l'eau où l'on a
fait bouillir de l'absinthe et du poivre. La
meilleure manière de les prévenir, c'est de
tenir propres les étables, d'y répandre du
sable fin, des branches de fougère, de
thym ou de lavande, et de mettre dans les
nids quelques grains de poivre et des
grains de cévadille.

INSECTES DES OREILLES.

Un autre fléau bien plus redoutable pour
les oisons, ce sont de petits insectes qui
s'introduisent dans leurs naseaux et leurs
oreilles, quelquefois en assez grand nombre
pour les faire périr. Quelques personnes
pensent que ces insectes déposent dans les

parties où ils se logent, des œufs qui donnent naissance à des vers qui rongent le
cerveau de l'animal. On reconnaît qu'une
oie en est attaquée lorsqu'elle perd l'appétit,
secoue la tête, tend le cou, marche les
ailes pendantes et se frotte souvent le bec.
Le remède le plus connu en France, c'est
de lui plonger à plusieurs reprises la tête
dans l'eau pour forcer l'insecte à fuir et à
abandonner sa proie. Les cultivateurs alle-
mands ont un autre moyen dont beaucoup
d'auteurs garantissent l'efficacité; c'est d'oin-
dre les oreilles et les naseaux des oisons
avec de l'huile de laurier qu'on peut facilement se procurer chez les pharmaciens.

4° MALADIES DES CANARDS.

Elles sont les mêmes que celles des oies.

5° MALADIES DES PIGEONS.

Les principales maladies qui affectent les
pigeons sont la mue, l'avalure, le chancre,
le ladre, l'apoplexie, l'indigestion, etc.

MUE.

La mue est pour les pigeons captifs qui ne peuvent se livrer à toute l'activité à laquelle la nature les a destinés, une maladie souvent aussi cruelle que la dentition l'est pour d'autres animaux. Quelquefois un pigeon meurt après avoir longtemps souffert, faute d'avoir pu se défaire de trois ou quatre grandes plumes de l'aile. On peut prévenir cette mort en prenant l'individu et en lui arrachant les pennes avec soin, de peur de les rompre ou de déchirer les parties adhérentes par un mouvement trop brusque et trop fort.

AVALURE.

L'avalure est un accident de vieillesse; elle consiste dans le déplacement des organes sexuels. Les pigeons qui en sont attaqués vivent quelquefois longtemps; mais ils sont absolument inféconds.

CHANCRE.

Cette maladie bien connue par ses ravages, a été jusqu'à présent regardée comme incurable, et la crainte de la contagion conduit les propriétaires à tuer impitoyablement les pigeons qui en sont atteints. Cependant on parvient quelquefois à les guérir en frottant le chancre soir et matin avec un mélange de parties égales de cumin, de sel d'oseille, d'huile d'aspic et d'essence de cochléaria. Mais ce remède doit être employé avec beaucoup de circonspection ; car il suffit qu'une petite quantité pénètre dans le gosier de l'oiseau pour le tuer sur-le-champ.

LADRE.

Le *ladre* affecte les pigeons qui ayant perdu leurs petits dès les premiers jours de leur naissance, n'ont pu se débarrasser de la pâtée qu'ils avaient préparée dans leur estomac pour leur première nourriture. Le moyen de les guérir est de leur substituer d'autres petits de même âge à la place de ceux qui sont morts.

APOPLEXIE.

Les pigeons sont sujets aux coups de sang ou à l'apoplexie ; le sang leur sort par le bec et ils meurent promptement. Si l'on s'en aperçoit à temps, il faut les saigner en leur coupant un ou deux ongles, dont le sang sortira surtout si on leur tient la patte dans l'eau tiède, ce qui les soulage aussitôt.

15.

INDIGESTION.

Quelques pigeons sont tellement avides qu'ils se gorgent d'aliments au point que, ne pouvant pas être digérés, ils restent dans le jabot, s'y corrompent et font souvent mourir l'animal. Cela arrive surtout lorsqu'ils ont été longtemps sans manger. Dans ce cas, on est obligé de fendre le jabot avec une paire de ciseaux bien pointus ou un canif; on en retire l'aliment corrompu, on le lave et ensuite on le recoud. Mais cette opération est souvent mortelle.

DÉVOIEMENT.

On fait cesser le dévoiement par l'usage du sel qui contribue généralement à entretenir les pigeons dans un état de vigueur et de santé.

L'asthme, les *pustules* et la *goutte* sont incurables.

FIN.

LOI

Concernant les vices rédhibitoires dans les ventes et échanges d'animaux domestiques, du 20 mai 1838.

ARTICLE PREMIER.

Sont réputés vices rédhibitoires, et donneront seuls ouverture à l'action résultant de l'article 1641 du Code civil, dans les ventes ou échanges des animaux domestiques ci-dessous dénommés, sans distinction des localités où les ventes ou échanges auront lieu, les maladies ou défauts ci-après ; savoir :

POUR LE CHEVAL, L'ANE ET LE MULET.

La fluxion périodique des yeux ;
L'épilepsie ou *le mal caduc ;*
La morve ;
Le farcin ;
Les maladies anciennes de poitrine, ou vieilles courbatures ;
L'immobilité ;
La pousse ;
Le cornage chronique ;
Le tic sans usure des dents ;

Les hernies inguinales intermittentes;
La boiterie intermittente pour cause de vieux mal.

POUR L'ESPÈCE BOVINE.

La phthisie pulmonaire ou *pommelière;*
L'épilepsie ou *le mal caduc;*
Les suites de la non délivrance,
Le renversement du vagin ou de l'utérus, } Après le part chez le vendeur.

POUR L'ESPÈCE OVINE.

La clavelée : Cette maladie, reconnue chez un seul animal, entraînera la rédhibition de tout le troupeau.

La rédhibition n'aura lieu que si le troupeau porte la marque du vendeur.

Le sang de la rate : Cette maladie n'entraînera la rédhibition du troupeau qu'autant que, dans le délai de la garantie, sa perte constatée s'élèvera au quinzième au moins des animaux achetés.

Dans ce dernier cas, la rédhibition n'aura lieu également que si le troupeau porte la marque du vendeur.

ART. 2.

L'action en réduction du prix, autorisée

par l'article 1644 du Code civil, ne pourra être exercée, dans les ventes et échanges d'animaux énoncés dans l'article 1er ci-dessus.

ART. 3.

Le délai pour intenter l'action rédhibitoire sera, non compris le jour fixé pour la livraison, de trente jours pour le cas de *fluxion périodique des yeux* et d'*épilepsie* ou *mal caduc* ;

De neuf jours pour les autres cas.

ART. 4.

Si la livraison de l'animal a été effectuée, ou s'il a été conduit, dans les délais ci-dessus, hors du lieu du domicile du vendeur, les délais seront augmentés d'un jour par cinq myriamètres de distance du domicile du vendeur au lieu où l'animal se trouve.

ART. 5.

Dans tous les cas, l'acheteur, à peine d'être non recevable, sera tenu de provoquer, dans les délais de l'article 3, la nomination d'experts chargés de dresser procès-verbal ; la requête sera présentée au juge de paix du lieu où se trouvera l'animal.

Ce juge nommera immédiatement, suivant l'exigence des cas, un ou trois experts, qui devront opérer dans le plus bref délai.

Art. 6.

La demande sera dispensée du préliminaire de conciliation; et l'affaire instruite et jugée comme matière sommaire.

Art. 7.

Si, pendant la durée des délais fixés par l'article 3, l'animal vient à périr, le vendeur ne sera pas tenu de la garantie, à moins que l'acheteur ne prouve que la perte de l'animal provient de l'une des maladies spécifiées dans l'article 1er.

Art. 8.

Le vendeur sera dispensé de la garantie résultant de la morve et du farcin pour le cheval, l'âne et le mulet, et de la clavelée pour l'espèce ovine, s'il prouve que l'animal, depuis la livraison, a été mis en contact avec des animaux atteints de ces maladies.

VOCABULAIRE.

A.

Adulte. — L'âge adulte est celui qui succède à la jeunesse et précède la vieillesse. On dit qu'un animal est adulte lorsqu'il est parvenu à cet âge.

Aqueux. — Qui tient de la nature de l'eau, ou contient beaucoup d'eau.

Astringent. — On nomme médicaments astringents ceux qui ont la propriété de resserrer les tissus des organes et de redonner du ton aux solides. Tels sont les écorces de chêne et de quinquina, la noix de galle, les vitriols bleu, vert et blanc, l'extrait de saturne, l'eau froide, etc.

Axonge. — Nom que les pharmaciens donnent au saindoux fondu au bain marie.

B.

Bassiner. — Bassiner une plaie, c'est la fomenter en la mouillant avec une liqueur tiède ou chaude.

Battre des flancs. — On dit d'un cheval qu'il bat des flancs, lorsqu'il agite ses flancs avec violence.

Bistouri. — Instrument qui a la forme d'un petit couteau, et qui sert à faire des incisions.

Bouchonner. — Bouchonner un cheval, c'est le frotter avec un bouchon de paille pour le nettoyer et lui ôter la sueur.

C.

Cataplasme. — Médicaments externes, mous, de consistance pâteuse, destinés à être appliqués sur une partie quelconque du corps. Des farines de lin, d'orge, de seigle, forment la base de la plupart des cataplasmes.

Caustique. — On donne le nom de caustique à toute substance qui détruit ou ronge les chairs ou les autres parties des animaux sur lesquelles on les applique.

Cautériser. — Détruire les chairs à l'aide d'un caustique.

Cécité. — Privation de la vue, état d'une personne ou d'un animal aveugle.

INSTRUCTION MINISTÉRIELLE

RELATIVE AUX ÉPIZOOTIES.

Il existe sur cette matiére un grand nombre de dispositions législatives de diverses époques et qui ont été toutes inspirées par les circonstances du moment. On les trouve résumées dans la circulaire ministérielle suivante, du 23 messidor an 5, qui a encore force de loi.

Mesures de police pour arrêter la communication.

» Tout propriétaire ou détenteur de bêtes à cornes, à quelque titre que ce soit, qui aura une ou plusieurs bêtes malades ou suspectes, sera obligé, sous peine de 500 livres d'amende, d'en avertir sur-le-champ l'agent de sa commune, qui les fera visiter par l'expert le plus prochain, ou par celui qui aura été désigné par le département ou le canton. (*Arrêt du parlement du 24 mars 1745; arrêt du conseil du 19 juillet 1746, art. 3; autre du 16 juillet 1784, art. 1er.*)

de pays non infesté, seront responsables du fait de ces conducteurs. (*Art. 5 et 6 de l'arrêt du conseil du 19 juillet* 1746.)

» Il est enjoint à tout fonctionnaire public qui trouvera sur les chemins, ou dans les foires ou marchés, des bêtes à cornes marquées de la lettre M., de les conduire devant le juge de paix, lequel les fera tuer en sa présence. (*Art. 8 de l'arrêt du conseil, du* 19 *juillet* 1746.)

» Pourront, néanmoins, les propriétaires de bêtes saines en pays infesté, en faire tuer chez eux, ou en vendre aux bouchers de leurs communes, mais aux conditions suivantes :

» 1°. Il faudra que l'expert ait constaté que ces bêtes ne sont point malades ;

« 2°. Le boucher n'entrera point dans l'étable ;

» 3°. Le boucher tuera les bêtes dans les vingt-quatre heures ;

» 4°. Le propriétaire ne pourra s'en dessaisir, et le boucher les tuer, qu'ils n'en aient la permission par écrit de l'agent, qui en fera mention sur son état. Toute contravention à cet égard sera punie de 200 francs d'amende, le propriétaire et le boucher demeurant solidaires. (*Art. 8 de l'arrêt du conseil, du* 19 *juillet* 1746.)

» Il est ordonné de tenir, dans les lieux infestés, tous les chiens à l'attache, et de

tuer tous ceux qu'on trouverait divagants.
(*Loi du* 19 *juillet* 1791.)

» Tout fonctionnaire public qui donnera des certificats et attestations contraires à la vérité, sera condamné en 1000 francs d'amende, même poursuivi extraordinairement. (*Art.* 14 *de l'arrêt du* 24 *mars* 1745.)

» Dans tous les cas où les amendes pour des objets relatifs à l'épizootie seront appliquées, aucun juge ne pourra les remettre ni les modérer; les jugements qui interviendront en conséquence, seront exécutés par provision, et les délinquants, au surplus, soumis aux lois de la police correctionnelle. (*Art.* 7 *et* 8 *de l'arrêt du parlement de* 1745; *art.* 15 *de celui du conseil de* 1746; *et art.* 12 *de celui de* 1784.)

» Aussitôt qu'une bête sera morte, au lieu de la traîner, on la transportera à l'endroit où elle doit être enterrée, qui sera, autant que possible, au moins à 50 toises des habitations; on la jettera seule dans une fosse de huit pieds de profondeur, avec sa peau tailladée en plusieurs parties, et on la recouvrira de toute la terre sortie de la fosse. Dans le cas où le propriétaire n'aurait pas la facilité d'en faire le transport, l'agent municipal en requerra un autre, et même les manouvriers nécessaires, à peine de 50 francs contre les refusants. Dans les lieux où il y a des chevaux, on préférera de faire traîner par eux les voitures chargées de bêtes mortes, lesquelles voitures seront lavées à l'eau chaude après le transport. Il est défendu de les jeter dans les bois, dans les rivières ou à la voirie, et de les enterrer dans les étables, cours et jardins, sous peine de 300 francs d'amende et de tous dommages et intérêts. (*Art. 5 de l'arrêt du parlement de 1745, et art. 6 de celui du conseil de 1784.*)

» Enfin, les corps administratifs, conformément au décret du 28 septembre 1791, emploieront tous les moyens de prévenir et d'arrêter l'épizootie; et en conséquence, le gouvernement compte sur leur zèle pour faire faire les patrouilles, mettre la plus grande célérité dans l'exécution des lois, et ne rien épargner, soit pour préserver leur pays de la contagion, soit pour en arrêter les progrès. Lorsque l'épizootie sera déclarée dans leur ressort, ils sont chargés d'en informer les administrations des départements voisins, et je leur recommande très-expressément de m'en faire part sur-le-champ, ainsi que des progrès que pourra faire la maladie.

» Ce n'est qu'en suivant avec une rigueur très-scrupuleuse les mesures que j'ai indiquées, qu'il sera possible de prévenir dans la plupart des départements, et d'arrêter dans ceux qui sont infestés, les effets d'une contagion ruineuse pour l'agriculture en général, et pour les propriétaires. »

Le code pénal contient aussi quelques dispositions relatives aux épizooties; ce sont les articles 459, 460, 461 et 462. Nous nous bornerons à les citer textuellement :

» Art. 459. Tout détenteur, ou gardien d'animaux ou de bestiaux soupçonnés d'être infectés de maladie contagieuse, qui n'aura pas averti sur-le-champ le maire de la commune où ils se trouvent, et qui, même avant que le maire ait répondu à l'avertissement, ne les aura pas tenus renfermés, sera puni d'un emprisonnement de six jours à deux mois, et d'une amende de 16 francs à 200 francs.

» Art. 460. Seront également punis d'un emprisonnement de deux mois à six mois, et d'une amende de 100 francs à 500 francs ceux qui, au mépris des défenses de l'administration, auront laissé leurs animaux ou bestiaux infectés communiquer avec d'autres.

» Art. 461. Si, de la communication mentionnée au précédent article, il est résulté une contagion parmi les autres animaux, ceux qui auront contrevenu aux défenses de l'autorité administrative, seront punis d'un emprisonnement de deux ans à cinq ans, et d'une amende de 100 francs à 1000 francs; le tout sans préjudice de l'exécution des lois et réglements relatifs aux maladies épizootiques, et de l'application des peines y portées.

» Art. 462. Si les délits de police correctionnelle , dont il est parlé au présent chapitre , ont été commis par des gardes champêtres ou forestiers, ou des officiers de police , à quelque titre que ce soit, la peine d'emprisonnement sera d'un mois au moins, et d'un tiers au plus en sus de la peine la plus forte qui serait appliquée à un autre coupable du même délit. »

VOCABULAIRE.

A.

Adulte. — L'âge adulte est celui qui succède à la jeunesse et précède la vieillesse. On dit qu'un animal est adulte lorsqu'il est parvenu à cet âge.

Aqueux. — Qui tient de la nature de l'eau, ou contient beaucoup d'eau.

Astringent. — On nomme médicaments astringents ceux qui ont la propriété de resserrer les tissus des organes et de redonner du ton aux solides. Tels sont les écorces de chêne et de quinquina, la noix de galle, les vitriols bleu, vert et blanc, l'extrait de saturne, l'eau froide, etc.

Axonge. — Nom que les pharmaciens donnent au saindoux fondu au bain marie.

B.

Bassiner. — Bassiner une plaie, c'est la fomenter en la mouillant avec une liqueur tiède ou chaude.

Battre des flancs. — On dit d'un cheval

qu'il bat des flancs, lorsqu'il agite ses flancs avec violence.

Bistouri. — Instrument qui a la forme d'un petit couteau, et qui sert à faire des incisions.

Bouchonner. — Bouchonner un cheval, c'est le frotter avec un bouchon de paille pour le nettoyer et lui ôter la sueur.

C.

Cataplasmes. — Médicaments externes, mous, de consistance pâteuse, destinés à être appliqués sur une partie quelconque du corps. Des farines de lin, d'orge, de seigle, forment la base de la plupart des cataplasmes.

Caustique. — On donne le nom de caustique à toute substance qui détruit ou ronge les chairs ou les autres parties des animaux sur lesquelles on les applique.

Cautériser. — Détruire les chairs à l'aide d'un caustique.

Cécité. — Privation de la vue, état d'une personne ou d'un animal aveugle.

Chassie. — Humeur jaunâtre qui découle de petits ulcères de l'œil, et s'attache souvent aux paupières.

Chronique. — Se dit des maladies qui parcourent lentement leurs périodes.

Collyre. — Remède liquide ou solide, que l'on applique sur l'œil.

Consomption. — Diminution lente des forces, accompagnée d'amaigrissement.

Contagieux. — Qui se transmet par contagion.

Contagion. — Transmission d'une maladie d'un individu à un autre, par l'effet d'un contact médiat ou immédiat.

Corrosif. — On appelle substances corrosives celles qui, mises en contact avec les parties vivantes, les altèrent et les désorganisent peu à peu. Elles ont beaucoup de rapport avec les caustiques; cependant, ce dernier mot indique un plus haut degré d'énergie et une action plus prompte.

D.

Décoction. — Opération de pharmacie, qui consiste à faire bouillir dans un liquide des substances dont on veut extraire les principes médicamenteux.

Diaphorétique. — Qui favorise la transpiration.

Diurétique. — Qui a la propriété d'augmenter la sécrétion des urines.

E.

Éclisses ou *attelles*. — On nomme ainsi des lames de bois, flexibles, mais résistantes, plus ou moins longues, que l'on applique, garnies de linges, le long d'un membre fracturé, pour le maintenir dans l'immobilité et prévenir le déplacement des fragments. On en fait aussi en cuir, en carton, etc.

Électuaire. — On donne le nom d'électuaires à des médicaments mous ou demi-solides, composés de poudres et d'autres ingrédients, qu'on incorpore ordinairement avec du miel ou du sirop.

Embrocations. — Fomentations qui se font avec des corps gras.

Émollients. — On appelle émollients les médicaments qui ont la propriété de ramollir et de relâcher les tissus. Les principaux sont : l'eau chaude et sa vapeur, les feuilles, fleurs et racines de mauve ou de guimauve, un grand nombre de farines, etc.

Enzootique. — On nomme ainsi les maladies qui sont produites par des causes locales, et qui sont, par conséquent, particulières à certains climats, à certaines contrées, et y règnent constamment ou à des époques fixes.

Épizootique. — Maladie qui affecte un grand nombre d'animaux à la fois, et qui dépend d'une cause commune et générale survenue accidentellement, telle est l'altération de l'air, des aliments, etc. Elle diffère de l'épizootie, en ce que celle-ci dépend d'une cause commune, habituelle, soit constante, soit périodique.

Éruption. — Apparition à la peau de boutons, pustules, etc.

Escarre. — Croûte noire ou brunâtre qui résulte de la désorganisation d'une partie vivante, affectée de gangrène ou profondément brûlée par l'action du feu ou d'un caustique.

Excoriation. — Ecorchure, plaie qui n'entame que la peau.

F.

Fébrile. — Qui appartient à la fièvre.

Fluctuation. — Mouvement d'un liquide de côté et d'autre.

Fomentation. — Application d'un liquide chaud sur une partie du corps, au moyen d'une éponge, d'un morceau de flanelle ou d'un linge trempé dans ce liquide.

G.

Gastrique. — Qui a rapport à l'estomac

17

H.

Hémorrhagie. — Perte de sang.

I.

Incision. — Division des parties molles, à l'aide d'un instrument tranchant.

Indolent. — Qui n'est le siége d'aucune douleur.

Induration. — Endurcissement du tissu des organes.

Infusion. — Opération de pharmacie qui consiste à verser et à laisser refroidir un liquide bouillant sur une substance dont on veut extraire les principes médicamenteux.

Injecter. — Introduire, avec une seringue ou tout autre instrument, un liquide quelconque dans une cavité naturelle ou accidentelle du corps.

L.

Larynx. — Partie supérieure de la trachée-artère, c'est-à-dire du canal destiné à porter l'air dans les poumons.

Liniments. — Topiques onctueux, de consistance moyenne entre celle de l'huile et l'axonge, destinés à être employés en frictions.

Lotions. — Action de laver une partie

quelconque du corps, en promenant sur la surface un linge trempé dans un liquide.

O.

Ophthalmie. — Inflammation de l'œil.

P.

Pellicule. — Petite peau.

Pléthore. — Surabondance de sang et d'humeurs.

Plumasseau.—Charpie repliée par les extrémités, dont l'usage est de couvrir les plaies, d'arrêter les hémorrhagies légères, etc.

Pulsations. — Battements du cœur et des artères qui constituent le pouls.

R.

Répercussif. — On donne le nom de répercussifs, aux médicaments qui, appliqués sur une partie malade, font refluer à l'intérieur les liquides qui s'y portent, ou arrêtent le développement d'une éruption.

Résolutifs. — Médicaments qui déterminent la résolution des engorgements.

Rumination. — Fonction particulière à une certaine classe d'animaux, par laquelle ils mâchent une seconde fois les aliments qu'ils ont déjà avalés, en les faisant revenir dans leur bouche après qu'ils ont séjourné quelque temps dans leur premier estomac.

S.

Scarification. — Petite incision superficielle.

T.

Taie. — Pellicule blanche qui se forme sur l'œil.

Teinture. — Solution d'une ou plusieurs substances médicamenteuses dans un liquide convenable, qui est, tantôt l'eau, tantôt l'alcool ou l'éther.

Tonique. — Médicament qui a pour effet d'exciter lentement l'action des organes, et d'augmenter leurs forces d'une manière durable.

Topique. — On nomme topique tout médicament qu'on applique à l'extérieur.

Trachéotomie. — Incision faite à la trachée-artère.

V.

Vénéneux. — Qui agit comme poison ; se dit des plantes.

Viscères. — Organes contenus dans la tête, la poitrine et le ventre.

TABLE DES MATIÈRES

DU SECOND VOLUME.

—

MALADIES DES BÊTES A LAINE.

———

1° MALADIES DE LA TÊTE.

2° MALADIES DE LA BOUCHE , DE LA GORGE ET DE LA POITRINE.

3° MALADIES DES INTESTINS.

4° MALADIES DU VENTRE ET DES ORGANES URINAIRES.

17.

MALADIES DES PORCS.

1° MALADIES DE LA TÊTE.

2° MALADIES DE LA BOUCHE, DE LA GORGE ET DES OREILLES.

3° MALADIES DE L'ESTOMAC, DE LA POITRINE ET DU VENTRE.

MALADIES DES CHÈVRES.

1° MALADIES INTÉRIEURES.

MALADIES DES CHIENS.

—

1º MALADIES DES YEUX ET DES OREILLES.

6º MALADIES DIVERSES.

MALADIES DES OISEAUX DE BASSE-COUR.

—

1º MALADIES DES POULES.

2º MALADIES DES DINDONS.

(Mêmes que celles des poules.)

3º MALADIES DES OIES.

4º MALADIES DES CANARDS.

(Mêmes que celles des oïes.)

5º MALADIES DES PIGEONS.

FIN DE LA TABLE DU SECOND VOLUME.

TABLE ALPHABÉTIQUE

DES MATIÈRES QUE CONTIENNENT LES DEUX VOLUMES *.

---

* Les chiffres romains indiquent le tome, et les chiffres arabes la page.

18.

Vertigo tranquille. — Cheval, I, 27.

Vessigon. — Cheval, I, 96.

Vermine. — Poule, II, 162.

Vers. — Cheval, I, 74.

Vers dans l'oreille. — Porc, II, 67.

Vomissement. — Porc, II, 69. — Chien, II, 124.